한 번쯤 일본에서 살아본다면

한 번쯤 일본에서 살아본다면

나무 외 지음

세나북스

반짝반짝 빛나는 이야기 한 조각
- 열여섯 명의 꿈이 모인 은하수 같은 책 -

단미

일상에 지쳐 살아가던 나에게 일본이라는 나라는 반짝반짝 빛나는 꿈 한 조각 같았다. 마음이 용기를 낸 순간, 새로운 세상도 내게 손을 내밀었다. 그 꿈과 실제로 만나기까지는 꽤 오랜 시간이 필요했다. 결국 나에게 필요했던 건 용기였다. 지난 4년간의 일본 생활을 돌아보며 그 용기가 얼마나 값진 것이었는지 이제야 비로소 그 가치를 알게 되었다. 사람들은 각기 다른 이유로 '일본'이라는 나라를 선택한다. 누군가는 일상생활에 지쳐 한국을 떠나 일본으로 갔다. 또 다른 누군가는 공부와 일을 위한 새로운 도전지로 일본을 선택했다. 일본으로 간 사연은 달라도 결국 그곳에서 마주한 것은 진정 내가 원하던 인생, 그리고 꿈과 희망이었다. 다행히 나도 진정 원하던 나만의 그 무엇을 일본에서 찾을 수 있었다.

누구나 한 번쯤 '외국에서 살아보면 어떨까?'라는 생각을 한다. 이 책은 그 무대가 바로 일본이다. 남들과 조금 다른 삶을 꿈꿔왔다면 이 책은 당신에게 특별한 경험을 선물할 것이다. 내가 가지 못한 길, 늘 꿈꾸고 있던 삶. 그것은 생각처럼 달콤할 수도 있고 아닐 수도 있다. 하지만 도전해 보지 않으면 아무것도 알 수 없다. 나는 일본에서 공부하며 아르바이트로 정신없이 살았지만, 한 번도 일본에 간 결정을 후회한 적이 없었다. 일본에서 유학 생활을 하고 있을 때 놀러 온 전前 회사 선배는 나에게 이런 말을 했다.

"최근 내가 만난 사람 중 가장 행복한 얼굴을 하고 있네!"

아마도 그 당시의 나는 내면의 소리에 충실했고 하루하루에 정성을 다하고 있었을 것이다.

여러 사람이 모여 하나의 책을 만든다는 것은 쉬운 일이 아니다. 하지만 모두 즐거운 마음으로 책 만들기에 참여했다. 이야기는 다채롭지만, 글에서 '열정'과 '행복'이 느껴진다는 공통점을 독자 여러분도 느낄 수 있을 것이다. 개인적으로 책을 만드는 동안, 일본에서의 지난 시간으로 돌아가 아름다운 추억을 되새겨 볼 수 있었다. 너무나 행복한 경험이었다. 마치 도쿄의 밤하늘을 아름답게 수놓은 하나비(불꽃)를 바라보고 있는 것처럼 반짝거리는 나의 추억! 이 책은 참여한 모두에게 아주아주 특별하다. 행복했던 추억과 빛나는 꿈에 대한 생생한 기록이기 때문이다.

돌아보면 누구나 인생에서 가장 반짝이는 순간이 있다. 그 순간이 찬란하게 빛난다는 사실을 당시에는 모르고 지나가기도 한다. 나에게 일본에서의 4년이 바로 그런 시간이었다.

"반짝반짝 빛나는 인생의 한 조각이 있나요?"

자신 있게 "예!"라고 대답할 수 있는 당신은 분명 행복한 사람이다. 나도 그런 사람 중 하나라고 살며시 손을 들어 본다.

그럼 이제 열여섯 명의 반짝반짝 빛나는 인생 조각을 만나러 책 속으로 떠나 보자.

여행자로서의 일본, 생활자로서의 일본
- 일본 생활에는 색다름이 있다! -

최수진

중학교 2학년 때였다. 아버지의 회사 일로 인한 갑작스러운 가족의 이사와 전학. 하지만 정들었던 곳을 떠나는 아쉬움보다 앞으로 펼쳐질 일들이 설레기만 했다. 새로운 도시에서의 생활과 새 학교라니! 그 당시의 나는 원래 살던 도시에 권태는 느끼고 있었을망정 중2병은 없었던 것이 거의 확실하다. 새 도시에서의 생활은 더할 나위 없이 즐겁기만 했으니까. 그로부터 13년 후, 평행이론은 아니지만 비슷한 경험은 반복되었다. 스물일곱 살에 떠난 일본으로의 어학연수다. 오, 나의 도쿄 라이프, 이렇게 재미있어도 되는 거냐!

누구나 한 번쯤 낯선 나라, 익숙지 않은 도시에서의 새로운 삶을 꿈꾼다. 몇몇 사람들은 그 상상한 바를 실제로 이루는 놀라운 실천력을 보여준다. 나 또한 그랬다. 대학졸업 후 입사한 회사에서 숨 막히고 지루한 4년을 보냈다. '회사에 다닌다는 것'이 내게는 그 전에 살아온 22년을 송두리째 부정하는 인간 개조 작업에 가까웠다. "군대를 다녀왔으면 버티기가 좀 더 나았으려나?"라는 생각마저 들던 시절. '나'를 잃어버린 암흑 같은 날들. 그냥 도망치기에는 자신도 납득이 안 되었다. 어떻게 들어간 회사인데! 구실과 핑계는 옵션이 아닌 필수였다. 그렇게 일본 어학연수는 자유를 갈망하던 나에게 훌륭한 도피처이자 '신세계'였다.

현실도피 도망지(?) 도쿄에서의 1년은 생각보다 훨씬 멋진 시간, 아름다운 추억으로 가득 찼고 평생 우정을 이어갈 멋진 친구들을 선물로 주었다. 15년이 지난 지금도 내 삶의 큰 부분을 차지하고 있다. 겨우 1년이 이럴진대 더 긴 시간을 일본에서 보낸 사람들은 도대체 어떤 삶을, 어떤 생각을 하며 살고 있을까? 일본이라는 공간은 어떻게 그들의 인생을 새롭게 조각해나가고 있을까? 이런 나의 작은 의문 하나로 이 책은 이 세상에 나올 수 있었다. 아니, 원래 그들의 인생은 온전히 존재했고 단지 이 시점에 책이라는 형식을 빌려 여러 사람에게 알려지게 된 것뿐이다.

분명 오랫동안 일본에서 생활한 사람들의 이야기를 듣고 싶어 하는 사람들이 있을 것이다. 그 중 한 명은 바로 나 자신이다. 겨우 1년을 일본에서 살다 온 아쉬움이 등을 떠밀었는지도 모른다. 아직도 다 경험해 보지 못한 가슴 떨리는 그 미지의 세계, 그곳을 오랜 시간 살며 경험한 누군가에게 이야기해 달라고 조르고 싶었나 보다. '도대체 어떤 일이 있었나요?', '일본은 당신 인생의 무엇인가요?'라고 말이다.

일본은 외로운 도시인지도 모른다. 하지만 아무도 나를 모르는 그곳은 새로운 세상에 발을 내디딘 듯 신선한 기분을 느끼게 해 준다. 두려움은 점차 사라지고 온몸을 감싸는 신선함과 일본에 대해 새로운 것을 알아간다는 희열에 넘치게 될 것이다.

일본은 새로운 꿈을 꾸기에도 좋은 곳이다. 나이도, 성별도, 그리고 그 전에 무슨 일을 했는지도 그다지 중요하지 않아 보인다. 지금 새로운 인생이 눈 앞에 펼쳐지고 있는데 옛날 일 따위가 도대체 무슨 상관이란 말인가! 나는 아직도 가끔 그리워한다. 해지는 저녁의 도쿄가 주는 평온함, 조용히 내 볼을 스치고 지나가던 그 시원한 바람과 꽃향기를.

한국은 지금 여행으로 일본을 소비하는 듯하다. 곧 그 젊음들은 일본에서의 생활을 소비하게 될 것이다. 일본 생활에 대한 궁금증이 이 책으로 다 풀리지는 않겠지만 생각보다 진하고 알찬 이야기를 들을 수 있다. 일본에서 직장 구하기같은 유용한(?) 정보도 가득하다.

누구나 한 번쯤 외국에서 사는 꿈을 꾼다. 미국이나 유럽은 좀 부담스럽다. 생긴 것도 많이 다르고 한국에서 너무 멀고…. 꿈을 이루기 위해, 남다른 자신을 꿈꾸며 일본에서의 생활을 한 번쯤 생각해 본 적이 있는가? 물론 일본이 아닌 다른 나라에 열정을 가질 수도 있고 그곳에 간다 해도 자신만의 이야기는 분명 만들어질 것이다. 그런 의미에서 일본은 그 누군가에게 '일본'이라서 특별하기도 하고 아니기도 하다. 일본은 과연 이 책의 저자들에게 단지 '소품'에 지나지 않을까?

내가 읽어본 일본에서의 이들의 이야기는 '인생 그 자체'다. 그냥 이야기가 아니라 삶의 기록이다. 그리고 그 무대는 아주 특별하다. 어쩌면 이 무대가 아니면 이야기는 애초에 성립하지 않을지도 모른다. 그 무대는 잘 알다시피 '일본'이다. 일본이기에 가능했던 열 일곱 개의 이야기와 세 개의 또 다른 '변주'가 펼쳐진다. 아직도 이 멋진 인생들은 화려한 날갯짓을 계속하고 있다. 그 사실이 지금 이 순간, 무엇보다 소중하게 다가온다.

차례

3장

일본에서 산다는 것(Life in Japan)

4장

변주(Playing a variation)

1장

공부하며 일하며
일본에 산다는 것
(Study & Work in Japan)

인생의 절반은,
낯선 곳에서 살아도
괜찮지 않을까?

나무

여행 한 번 와 본 적 없었던 일본. 커다란 여행 가방 두 개를 들고 비행기에서 내려 버스를 탔다. 창밖으로 왠지 안개가 뿌옇게 낀 듯한, 한국과 비슷하면서도 조금은 어두운 느낌의 건물이 하나둘 눈에 들어 왔다. 한 시간쯤 달렸을까. 버스에서 내려 기숙사를 찾아갔다. 침대 하나, 책상 하나가 놓여 있는 작은 방 안에 들어서니 마치 외국이 아닌 한국의 어느 지방 도시로 이사 온 듯한 느낌이 들었다.

가방을 놓고 거리로 나섰다. 10월, 한국은 가을이 한창이지만 여름 더위가 더디 지나가는 일본은 여전히 뜨거운 햇살이 가득했다. 조금 걸었는데도 이마에 땀방울이 송송 맺혔다. 거리의 간판이 한자로 쓰여 있다는 것만 빼면 한국과 크게 다르지 않

한 번쯤 일본에서 살아본다면

았다. 암호처럼 들리는 일본어가 귓가를 스쳐 지나갔고, 그렇게 일본에서의 생활이 시작되었다.

20대 초반의 친구들처럼 재미있는 애니메이션과 화려한 패션의 거리를 동경하며 시작한 유학 생활은 아니었다. 나이 서른 중반, 무조건 한국을 떠나야만 할 것 같았다. 살다 보면 누구나 한두 번쯤 어려운 시기를 겪게 된다는데, 그때의 내가 그랬다. 믿었던 사람에게 받은 상처, 안쓰러운 마음에 도와줬던 친구의 연락 두절, 점점 계산적이 되어가는 인간관계에 대한 실망, 계속해 온 일에 대한 회의감.

조금씩 지쳐가다 털썩 주저앉고 싶은 기분이 들었다. 단 얼마 동안이라도 쉬고 싶다는 마음으로 일본행을 결정, 5개월 뒤에 도쿄행 비행기에 올랐다.

일본에 도착하자마자 때늦은 태풍이 왔다. 일본어학교는 딱 하루 오리엔테이션 다녀오고 태풍으로 휴교였다. 기숙사 작은 방에서 열흘 동안 알아듣지도 못하는 일본 TV를 켜놓은 채 시간을 보냈다. 그러다 문득 이런 생각이 들었다.

'36년 동안 계속 한국에서만, 그것도 한국어로 글을 쓰며 먹고 살던 내가, 외국에서 대체 무얼 할 수 있을까?'

그제야 슬슬 일본에서의 앞날에 대해 걱정이 되기 시작했다.

복잡한 마음으로 시작한 일본 생활

태풍이 지나가고 드디어 학교에 가는 날이 왔다. 공부보다는 혼자 조용히 쉬고 싶어서 온 일본이었다. 사람 많은 곳에 가는 것이 별로 내키지 않았다. 더딘 걸음으로 학교에 도착하니 배정된 클래스가 게시판에 적혀 있었다. 내가 배정된 클래스에는 80%가 20대 초반의 중국 남학생, 20대 중반쯤 되어 보이는 한국 여학생이 두 명, 그리고 나까지 스무 명 정도가 있었다. 어색하고 불편한 기분으로 첫날을 보냈다.

하지만 그리 큰 기대 없이 시작된 일본어학교 생활은 생각보다 나쁘지 않았다. 다들 외국인에, 서로 무언가를 묻고 싶어도 일본어 실력이 부족해서 물어볼 수가 없었다. "이름이 뭐야?"라고 묻고 대답하니 더는 할 말이 없었다. 부족한 언어 실력 덕분에 천천히 시간을 갖고 가까워질 수 있었다. 나는 이 점이 무척 마음에 들었다.

수업은 하루 네 시간, 그것도 오후뿐이라 시간적 여유는 있었다. 하지만 매일 꽤 많은 양의 한자시험이 있었다. 아침이면 느긋하게 일어나 잘 알아듣지도 못하는 TV 뉴스를 보고 오후 1시까지 학교에 갔다. 다녀와서는 학교 숙제와 한자 암기에 쫓겼다. 주말에도 대부분의 시간을 TV 보고, 숙제하고, 한자를 외우며 보냈다. 그렇게 몇 달이 지나갔다. 막연하게나마 다시 한국으로 돌아갈 일은 없을 것이란 생각이 들었고 앞으로 계속 이곳 일본에서 살 거라 생각하니 서둘러 이곳저곳 놀러 가야겠다는 마음도 들지 않았다.

나는 무언가 암기하는 것을 좋아하지 않는다. 하지만 아무 생각 없이 쓰고 또 쓰며 한자를 외우는 일은 마음이 비워지는 느낌이 들었다. 그렇게 몇 달을 지내는 사이, 처음 일본에 올 때와 달리 서서히 마음이 편안해졌다. 어색하기만 하던 학교 친구들과도 가끔 술 한잔 하며 어울릴 수 있을 정도가 되었다. 한국에서의 복잡했던 일들도 서서히 잊혔고 지쳤다고 엄살 부리던 마음도 조금씩 제자리를 찾아갔다.

살아온 모든 것이 도움되는 '언어공부'

일본어학교를 1년 반 동안 다녔다. 다른 친구들과 달리, 목적도 유학 기간도 정하지 않고 왔다. 일본어학교를 졸업할 시기가 다가오니 새로운 고민이 시작되었다. 언어공부가 목적은 아니었지만 뜻밖에 일본어 공부는 재미있었고 일본에 오래 있으려면 조금 더 공부하고 일본 사회에 나가야 편하겠다는 생각이 들었다. 진학을 결정했다. 얼떨결에 통·번역전문학교에 입학 원서를 냈다.

입학 면접을 볼 때 일본인 선생님이 "우리 학교는 공부할 양이 좀 많다"고 말했지만 그러려니 하고 크게 걱정하지 않았다. 하지만 막상 입학하고 보니 '통역안내사'라는 자격시험 공부를 중심으로 하고 있어서 단순히 일본어 공부만 해야 하는 것이 아니었다. 2년이라는 기간 동안 일본인들이 초등학교부터 고등학교 때까지 12년간 배우는 기본 상식과 역사, 지리, 경제를 모두 마스터해야 했다. 일본에 계속 있기 위해, 그리고 재미를 붙인 일본어 공부를 조금 더 해 보자는 가벼운 마음으로 입학했다. 하지만 다니는 내내 공부에 치여 마치 입시 학원에 다니는 것 같았다. 아, 내가 잘못 선택했구나!

사실 난 공부에 큰 재주가 있는 편은 아니었다. 고등학교 때는 좋아하는 과목 하나만 공부했고, 우여곡절 끝에 들어간 대학에서는 전공이 마음에 안 든다는 이유로 딴짓만 했다. 무언가 목표를 갖고 꾸준하게 공부해 본 적이 거의 없었다. 그랬던 내가 서른도 한참 지난 나이에 공부라니, 쉬울 리가 없었다.

그래도 이곳에서의 공부는 그동안 내가 했던 일, 취미, 놀이 등이 모두 도움이 되어 수월한 부분이 있었다. 어릴 때부터 호기심만 많고 끈기는 없어서 음악, 그림, 운동, 여행, 영화, 자동차 등 참 다양한 관심사가 있어 이것저것 기웃거렸는데 그랬던 모든 것들이 공부에 도움이 되었다. 통·번역은 언어 그 자체뿐만 아니라 다양한 분야에 대한 풍부한 지식이 중요하다. 한마디로 '통역'이라고 말하지만, 그 내용은 때에 따라 다르다. 비즈니스 통역 시간에는 경제, 사회에 대한 지식이 필요했고 또 다른 실습수업에서는 정치, 역사, 법률, 영화 등 다양한 내용이 나왔다. 내가 처음 나갔던 통역 아르바이트는 한국과 일본의 배우들이 함께하는 연극 리허설 자리였다. 연극을 좋아해서 기회가 될 때마다 연극을 찾아서 봤던 덕분에 배우들과 쉽게 대화가 되었고 때로는 작품에 대한 의견까지 주고받으며 긴장하지 않고 첫 번째 통역을 잘 끝마쳤다. 그 이후 식품 관련 회사 사람들과 도쿄의 슈퍼마켓을 돌아다니며 통역한 경험도 있었고 천으로 다양한 소품을 만드는 퀼트 전시회에서 통역한 일도 있었다. 그리고 가수와 작곡가들을 만나는 자리에서의 통역도 있었다. 어설프더라도 조금씩이나마 다양한 것들에 관심을 두고 보고 들었던 것이 통·번역 공부에서도, 일에서도 큰 도움이 되었다.

일 vs 공부, 공부가 훨씬 쉽고 재미있다!

일본에서 공부에 재미를 붙일 수 있었던 것은 사회에 나와 오랫동안 일을 한 이후였기 때문이 아니었나 싶다. 대학 졸업 후 전공과는 전혀 상관없는 기자로 일을 시작하게 되었는데 다행히 그 일은 내 적성에 잘 맞았다. 몇 년 동안 작은 신문사 몇 곳에서 수없이 철야를 하며 일을 배웠고 그 이후에는 7~8년 정도 프리랜서로 일했다. 물론 그 과정에서 힘든 일이 없지는 않았지만, 세상에는 자기가 좋아하는 일을 하며 살아가는 사람이 그리 많지 않다는 사실을 생각하면 운이 좋은 편이었다. 그래서 나름 만족하며 일했다.

하지만 적성에 맞는 일을 하더라도 역시 일은 일이다. 일하다 보면 회사에서는 상사와 동료들, 프리랜서일 때는 의뢰인과 이견을 조율하느라 스트레스가 쌓였고, 마음이 아닌 돈이 중심이 된 인간관계에 상처받는 일도 생겼다. 일해도 내 손에 뭔가가 남는다기보단 그냥 내가 알고 있는 것, 가진 것들을 끊임없이 소모하는 기분이었다. 그렇게 10년 넘게 일만 하다 공부를 시작하니 일에 비하면 공부는 너무나 쉬웠고 재미도 있었다.

누군가의 비위를 맞춰야 할 일도, 사람을 만나서 신경을 곤두세울 일도 없고 일을 잘못 했을까 봐, 추가로 무언가 더 해달라고 연락이 올까 봐 걱정할 필요도 없었다. 그냥 있는 것을 읽고 듣고 외우고 관심 가는 것을 찾아보며 즐기면 그만이었다. 펜을 쥐느라 손에 물집이 잡히도록 공부를 해서 얻은 것이 고스란히 내 것으로 남는 경험도 좋았다. 오랜 기간 내 안에 가진 에너지를 소모만 하다가 다시 가득 채워 넣는 기분이었다. 이런 경험도 역시 짧지 않은 사회생활이 있었기에 가능하지 않았을까? 어떤 일을 늦게 시작하는 것이 꼭 나쁘지만은 않다.

40살 신입사원, 다시 시작하는 즐거움

강제적인 공부가 아니고 성적이 나쁘다고 누가 뭐라 하는 것도 아니었다. 관심 가는 정보를 찾아보고, TV를 보고, 좋아하는 작가의 책을 읽고 하는 사이, 시간이 훌쩍 지났다. 그렇게 뒤늦게 재미를 알게 된 공부를 마쳤다. 일본어학교를 졸업할 당시처럼 또다시 새로운 고민이 시작되었다.

'자, 이젠 무얼 하지?'

객관적으로 보면 나는 이제 겨우 3년 반 일본어를 공부한, 별다른 특색 없는 외국인이었다. 경력이라고는 한국에서 한국어로 글을 조금 썼던 경험밖에 없는데, 이런 나를 채용해 주는 곳이 일본에 있을까 싶었다. 점점 불안해졌다. 하지만 조급해하지 않기로 했다. 지금까지 일했던 회사, 그리고 사람들을 떠올리며 '어차피 개인과 회사도 인연, 궁합이 따로 있기 마련이다. 어딘가 나랑 맞는 곳이 있겠지' 하는 막연한 기대를 품고 졸업과 취업을 차근차근 준비했다.

그러다가 학교 친구의 소개로 며칠간 통역 아르바이트를 나가게 되었다. 일본에 음악, 드라마 제작 관련 회사를 세우려고 준비하는 한국 회사가 고객이었는데, 매달 일본에 와서 관계자들을 만나는 자리에 내가 통역자로 나가게 되었다. 일본의 작곡가, 가수부터 음반회사, 방송국 관계자까지 다양한 사람들을 만나 여러 가지 이야기를 나누었다. 아직 익숙하지 않아 통역은 어려웠지만, 내용이 흥미로웠고 큰 문제 없이 일정이 잘 마무리되었다. 3일간의 통역 아르바이트가 끝나고 통역을 의뢰했던 회사의 요청으로 함께 통·번역 일을 계속하게 되었다. 평소에는 집에서 자료를 찾아 번역해서 보내고 한 달에 3~4일은 한국에서 출장 온 담당자들과 일본 관계자들의 미팅에서 통역을 했다. 일도 즐거웠고 드디어 본격적으로 일을 시작하게 되는구나 싶어 안심도 되었다. 하지만 아쉽게도 이 일은 겨우 석 달 만에 한국 회사 측 사정으로 그만두게 되었다.

또다시 취업 자리를 찾아야 했다. 이때가 일본 생활에서 가장 막막하고 답답한 시기였다. 걱정 속에 몇몇 회사의 면접을 보았고 우여곡절 끝에 지금의 회사에 들어왔다. 100% 번역만 하는 일자리를 찾다가 이 회사와 인연이 닿았다. 나이 마흔 살에 다시 한 번 신입사원이 된 것이다.

아침 8시 반 출근, 오후 5시 퇴근의 회사원 생활. 사실 이렇게 출퇴근하는 생활을 하는 것은 꼭 10년 만의 일이다. 대학 졸업 후 4~5년 정도 회사에 다녔지만, 신문사라는 특성상 출근했다가 바로 취재처로 나가는 생활이었고 그 이후에는 내내 프리랜서로 일했다. 특히 혼자 일할 때는 주로 밤에 일하는 올빼미 같은 생활이었다. 그랬던 내가 아침 일찍 출근해서 온종일 책상에 앉아 일을 할 수 있을까 하고 처음에는 걱정도 많았다. 하지만 어느새 회사 생활도 2년이 다 되어간다. 유학 생활 3년 반, 회사 생활 2년 동안 단련되어, 이제는 새벽 일찍 운동을 갔다가 출근할 정도로 지금 생활에 완전히 적응했다. 자정이 지난 '늦은 새벽'이 아닌, 서서히 해가 떠오르는 '이른 새벽'의 공기가 훨씬 기분 좋다는 걸 처음 알게 되었다.

사람은 누구나 한 번쯤 자신을 크게 바꿔보고 싶단 생각을 한다. 나 역시 그랬다. 하지만 늘 생각만 했을 뿐 실천은 그리 쉽지 않았다. 하지만 이곳에 와서 환경이 바뀌고 상황이 바뀌니 자연스레 변화의 기회가 생겼다. 변해가는 자신이 낯설면서도 이런 내 모습에 스스로 설렌다.

돈보다는 하고 싶은 일을 하고자 선택한 번역 파견사원

사실 겨우 3개월 만에 집에서 하는 통·번역 일을 그만두게 된

후 다시 취업 준비를 하며 스스로 정한 취업 기준이 있었다. 내가 하고 싶은 일을 확실하게 정해야겠다는 생각이 들었다. 하고 싶은 일을 정하고 그에 맞는 일자리를 찾기로 마음먹었다. 많은 고민 끝에 학교 공부와 그동안 했던 통·번역 경험, 그리고 내가 한국에서 했던 일 등을 종합해서 정말 나한테 맞는 일, 하고 싶은 일은 '번역'이라는 결론을 얻었다. 드디어 마음을 정하고 일자리를 찾기 시작했다. 하지만 아쉽게도 다른 업무는 없이 오직 번역만 하는 일자리는 거의 없었다. 대부분 한국과 거래가 있는 일본 무역회사에서 무역 업무를 하면서 약간의 통·번역 일을 할 사람을 찾고 있었다. 난 다른 업무는 전혀 없이 오직 번역만 하는 곳을 찾고 싶었다.

번역전문회사에 취업할 수 있다면 좋겠지만, 한국이나 일본이나 대부분 번역 일은 통·번역전문회사에서 일을 의뢰받은 후 프리랜서로 등록한 번역가들에게 일을 맡긴다. 자체 번역 사원을 뽑는 경우는 극히 드물어서 그런 자리만 바라보고 마냥 기다릴 수는 없었다. 일본의 번역전문회사에 프리랜서로 등록하려 해도 대부분 최소 2년 이상의 경력을 요구했다. 나한테는 그 정도의 경력이 없었고 실력도 부족했다. 게다가 외국인이라 비자를 받으려면 어딘가에 빨리 취직해야 했다.

그러던 중 알게 된 것이 파견사원이다. 일본은 우리나라와 달

26   한 번쯤 일본에서 살아본다면

리 파견사원 제도가 꽤 오래전부터 정착되어 있다. 대형 파견 전문회사가 있고 그곳에 파견사원(일본에서는 스태프라고 부른다)으로 등록한 후 기업으로 파견되어 근무하는 방식이다. 각 분야에 따라 근무 형태도 근무 조건도 다르지만, 기본적으로 4대 보험, 유급휴가, 출산휴가가 모두 보장되어 안정적으로 근무할 수 있다. 단, 일반적으로 월급과 함께 1년에 두 번 보너스가 나오는 일본기업의 정사원과 달리 근무 시간을 계산해서 월급이 나온다. 그래서 매달 급여가 조금씩 차이가 나고 당연히 정사원보다는 적게 받는다.

하지만 마음을 정한 나로서는 돈을 조금 더 받을 수 있는 자리보다 내가 하고 싶은 일만을 하는 곳에 가고 싶었다. 마침 일반기업인데도 흔치 않게 100% 번역만 하는 사람을 원하는 회사가 파견사원 모집 공고를 냈다. 바로 지금 내가 다니는 회사다. 정말 개인과 회사도 인연이 따로 있는 것인지 다시 취업 활동을 시작한 지 한 달 만에 이 회사에 들어오게 되었다. 매일 아침 출근해서 4~5개의 신문을 보고 회사와 관련된 기사를 골라 번역하는 업무다. 평소에는 8시 반까지 출근, 신문기사를 전문全文 번역하고 일주일에 두 번은 새벽 6시까지 출근해서 그날의 신문에서 주요기사들을 뽑아 요약, 발송하는 업무를 한다. 온종일 컴퓨터 앞에 앉아 번역하는 일이 지겹고 힘들지 않으냐고 묻는 사람들이 종종 있다. 하지만 일본어를 보고 이 말을 어떤 한국어로 바꾸어야 가장 정확하게 전달될지 궁리하는 일은 생각보다 무척 즐겁다. 똑같은 일본어 단어도 문맥에 따라 다양한 한국어로 표현되기 때문에 이런저런 자료를 찾아보며 고민하고 말을 만들어보는 과정은 이전에 내가 쓰던 글과는 또 다른 재미가 있다. 물론 같은 자세로 계속 앉아 있으니 어깨가 아프고 눈이 피곤하지만 내가 하고 싶은 일을 하고 있다는 즐거움은 무엇과도 바꿀 수 없다. 어깨가 아픈 건 시간이 될 때마다 헬스장에 가서 운동으로 풀다 보니 예전보다 오히려 더 건강해졌다.

아는 사람 하나 없는 곳, 외롭기보단 자유롭다

처음 올 때의 걱정과는 달리 지금은 잘 적응해서 회사에 다니고 있다. 하지만 갑작스레 일본에 온 이후, 지금까지도 한국에 있는 지인들과 가족에게서 "혼자라서 외롭겠다"라는 말을 종종 듣는다. 처음 일본에 왔을 때 아는 사람이 한 명도 없었다. 일본 생활에 대해서는 들어 본 일조차 없었다. 그냥 혼자 와서 많은 실수를 하며 서서히 적응해 나갔다.

많은 사람의 걱정과는 달리 그다지 외롭다는 생각이 아직은 들지 않는다. 오히려 예전의 나와 전혀 다른 모습으로 살아도 "너답지 않게 왜 그래?" 하며 놀란 눈빛을 하는 사람이 주변에 없다는 사실은 외로움보단 자유로움으로 내게 다가왔다.

지금까지 입어본 적 없는 스타일의 옷을 입고 액세서리를 해도 이상하게 보는 사람이 없다. 하라주쿠의 패션 거리나 이케부쿠로의 애니메이션 전문점을 돌아보며 앙증맞은 아이템들을 사와도 "어울리지 않게 네가 웬일이야?"라고 묻는 사람도 없었다. 사람을 대할 때도 예전의 나와는 다소 다른 모습으로, 조금은 거리를 두고 천천히 가까워지곤 하지만 그런 내 모습을 어색해 하는 사람은 아무도 없다.

사실 주변 사람들의 관심이란 건 힘들 때 큰 힘이 되기도 하지만 자신을 얽매는 족쇄가 되기도 한다. 스스로 만들어 놓은 인간관계, 이미지, 생활방식 등에 얽매이게 되고 '나답다'라는 말 때문에 무언가 새로운 시도를 하려다가도 포기하게 될 때가 있다. 그래서일까, 그런 시선과 관심에서 벗어나 혼자 지내는 생활이 아직은 외롭기보다는 편하고 자유롭다.

언젠가는 누구나 겪게 된다는 향수병에 시달릴지도 모른다. 지금도 가끔 편안하게 차 한잔 하던 친구가 보고 싶다거나 생활이 너무 조용해서 지루한 순간이 있다. 하지만 생각해 보면 그런 심심함과 지루함도 꽤 오랫동안 느껴보지 못한 감정이다.

지루함마저 신선하게 느껴져서 아직은 괜찮다.

다 버리고 와도 또다시 생긴다

처음에 말했듯, 즐거운 마음으로, 꿈과 희망을 품고 시작한 일본 생활은 아니었다. 내가 결정한 일이었지만 이곳에 오고 난후 한동안은 '내가 좋아하던 모든 걸 다 버리고 여기 와서 무얼하고 있는 걸까?' 라는 생각도 많이 했다. 하지만 시간이 지나며 알게 된 것은 두고 올 때는 너무나 아쉽고 소중하게 느껴졌던 그 모든 것이 사실은 그리 대단한 것이 아니었다는 사실이다. 대부분은 없어도 큰 문제 없이 살아갈 수 있는 것들이었다. 게다가 다 버리고 빈손으로 왔어도 이곳에서 새롭게 생긴 것들이 있다. 한국을 떠나려고 짐을 정리하면서 '앞으로는 살면서 절대 짐을 늘리지 말아야겠다'고 다짐했지만, 어느새 내 방에는 한국 책, 일본 책들이 책장을 꽉꽉 채우고 있고, 새로운 곳에 갈 때마다 하나씩 사 온 앙증맞은 기념품들도 한편을 차지하고 있다. 단출한 생활을 해야겠다는 마음에 가능하면 물건이나 짐을 늘리지 않으려 노력하지만 살다 보니 또 하나씩 늘어간다. 외국에 나오면서 자연스럽게 멀어진 사람들 대신 이곳에서 새로운 친구들도 생겼다.

한 번쯤 일본에서 살아본다면

예전에는 없던 새로운 취미도 생겼다. 어린 시절 이후로는 가본 기억이 없는 수족관 마니아가 되었고, 한국과 비교하면 몇 배 많은 미술관 덕분에 그림 보러 다니는 취미가 생겼다. 일본 헌책방 나들이도 빼놓을 수 없는 취미 중 하나가 되었고 주말에는 내 마음대로 요리를 해 보는데 그 재미도 쏠쏠하다.

게다가 외국어를 하나 할 수 있게 되니 무언가 정보를 알아볼 때 유용하다. 찾아볼 수 있는 자료도, 읽을 수 있는 책도, 즐길 수 있는 공연도, 가사를 음미할 수 있는 음악도 두 배가 된 것이다. 전국 방방곡곡을 돌아다닌 결과 어디를 생각해도 눈에 선하게 떠오르는 한국 대신, 가 본 곳 하나 없는 일본이라는 새로운 여행지가 내 앞에 펼쳐져 있다.

에필로그

사실, 일본 생활은 그리 만만하고 좋은 기억만을 준 것은 아니다. 오자마자 보낸 첫해 여름에는 80년 만에 찾아온 무더위에 시달렸고, 세계를 놀라게 했던 대지진도 겪었다. 집을 구하러 다니다 외국인이라고 문전박대당하기도 했고 힘겹게 마음에 드는 집을 찾았다가 일본인 보증인이 필요하다는 말에 아쉬운 발걸음을 돌리기도 했다. 환율이 1,600원 이상으로 올라 지갑

속 동전을 세어가며 몇 달을 보내고 차비를 아끼려 '운동 삼아'라고 되뇌며 두 시간씩 걸어서 집에 간 일도 많았다.

하지만 내가 한국에 그대로 있었다 해도 무언가 참고 극복해야 할 문제들은 비슷한 강도로 존재했을 것이다. 어차피 계속해서 새로운 일에 부딪히고 극복하며 살아가는 것이 인생이라면, 그 중간쯤에서 모든 것 다 내려놓고 새롭게 인생이라는 그림을 다시 그리는 것도 꽤 괜찮은 일이다. 오히려 낯선 곳에서 새로운 문제에 부딪히면 조금은 더 용기를 낼 수 있는 것 같다. 평균 수명 80세 시대, 인생의 절반쯤은 지금까지와는 전혀 다른 낯선 곳에서 지내도 괜찮지 않을까? 때로는 한 번의 용기가 미처 생각지 못한 많은 보물을 얻게 해 준다.

일본에서 보낸 5년, 나도 그런 보물을 한 아름 받았다.

다시
선택의 시간이 온다면,
그래도 갈래?

단미

4년간의 일본 유학을 마쳤다. 한국으로 돌아와 오랜만에 친구를 만났다. 우리는 그동안 밀렸던 인사를 나누며 서로의 이야기에 잔酒과 귀를 기울였다. 이상하게도 4년간의 공백이 전혀 느껴지지 않았다. 오랜 인연과의 추억이 좋은 이유, 바로 이런 것이 아닐까?

나의 발걸음이 닿았던 일본 구석구석에도 소중한 추억들이 남아 있을 것이다. 인연이라는 것은 시간과 장소에도 존재한다. 그 시간과 공간에 대한 그리움이 다시금 내게 손을 내민다. 훗날 다시 그곳을 찾았을 때 반짝거리며 나를 기억해 줄 것이다. 친구가 문득 나에게 이런 질문을 했다.

"다시 선택의 시간이 온다면, 그래도 갈래?"

나는 대답 없이 미소만 지었다. 마음속의 생각들을 들킨 것 같았다. 하지만 이내 가슴속이 따뜻해졌다. 일본은 나에게 그런 곳이다. 생각만 해도 가슴이 뛰는 곳, 나의 그리운 추억이 묶여 있는 곳이다. 친구 역시 나의 웃음이 무엇을 의미하는지 알겠다는 듯 고개를 끄덕였다.

물론, 4년간의 일본 생활이 항상 행복했던 건 아니었다. 고단한 아르바이트로 당장 짐 싸서 돌아가고 싶은 순간도 많았고, 쉽게 늘지 않는 일본어 때문에 실수를 반복하며 눈물을 흘린 적도 있었다. 일본에서 방황하던 나에게 조언을 해 준 사람도 있었다. 그분은 내가 첫 아르바이트를 했던 곳의 마스타(가게 주인)였고, 요리공부를 위해 미국에서 10년을 보낸 경험이 있는 여러 가지 면에서 인생의 대선배였다.

"네가 한국에서 어떤 삶을 살았고, 어떤 사람이었는지는 중요한 게 아니다. 과거에 갇혀 살지 말고, 지금 이 순간 있는 그대로의 너를 인정하고 받아들여라."

그제야 알았다. 나는 낯선 환경이 아닌 자신과 싸우고 있다는 것을. 과거의 편한 생활에서 벗어나지 못했다. 그때부터 자신을 인정하고 받아들이기 위해 노력했다. 덕분에 나는 그 이후부터 진짜 일본 생활을 만끽하게 되었다. 4년간의 일본 생활을 통해 '희로애락'이 고스란히 담겨 있는 멋진 앨범을 가슴에

품을 수 있었다.

기회는 간절한 사람에게 손을 내민다

많은 이들이 유학을 꿈꾸지만 실제로 실천에 옮기는 사람은 많지 않다. 단지 꿈으로만 간직하고 끝내버리는 경우가 대부분이다. 특히 나처럼 늦은 나이에 오래 다니던 직장을 그만두고 새로운 도전을 하는 일은 엄청난 용기와 결단을 요구한다. 처음 유학을 결정했을 때 주변의 많은 사람은 나에게 "왜?"라는 질문을 쏟아냈다. 그도 그럴 것이, 나는 비교적 안정된 직장(공기업)의 8년 차 직원이었다. 3자의 처지에서 보면, 잘 다니던 회사를 그만두고 늦은 나이에 무슨 유학이냐는 궁금증이 생겼을 것이다. 친하게 지냈던 팀장님과 선배들은 다시 생각해 보자며 나를 설득하기도 했다. 모두가 반대만 했던 건 아니다. 몇몇 지인들은 나의 결정에 응원의 박수를 보냈다. 그들의 응원이 나에게는 큰 힘이 되었다. 세상에 내 편이 존재한다는 것은 엄청난 행운이다.

나는 어릴 적부터 소설가가 꿈이었다. 감수성 짙은 소녀 시절의 나에게 무라카미 하루키의 『노르웨이의 숲(상실의 시대)』은 엄청난 상상력을 가져다줬다. 하루키가 들려주는 이야기들을 밤새 곱씹으며 나의 꿈은 더 단단해졌다. 하루키에 대한 관심은 에쿠니 가오리, 오쿠다 히데오 등 일본을 대표하는 작가들에 대한 관심으로 넓혀졌고 일본 문학에 더욱 빠져들었다. 그렇게 일본에 대한 나의 관심은 더욱 깊어져만 갔다. 그리고 지인의 소개로 알게 된 구로사와 아키라 감독의 영화는 깊은 인상을 남겼다. 흑백화면으로 이루어진 영화 속에는 우리의 인생이 고스란히 담겨 있었다. 그는 잘 알려졌다시피 할리우드 감독들에게도 상당한 영향을 준 거장이다. 나중에 일본에서 대학생활을 하면서 제미(연구수업)를 통해 나는 구로사와 아키라 감독 작품에 대해 연구, 발표하게 되었다. 그렇게 모든 인연의 고리는 연결되어 있었다. 일본 문화에 조금이라도 더 가까이 다가가고 싶었고, 그 방법은 유학밖에 없다고 생각했다. 일본에서 공부하고 싶다는 열정은 나날이 커져만 갔다.

2010년, 당시의 나는 회사 일로 몹시 지쳐있었다. 매일 밤 잠들기 전, 상상 속에 존재하던 일본 생활만이 유일한 나의 희망이었고 삶의 의미였다. 문득 이런 생각이 들었다. 어쩌면 지금이 마지막 기회일지도 모른다고. 오랜 시간 꿈꿔오던 삶을 손에 넣기 위해 조금 더 용기를 낼 필요가 있다고 말이다. 바쁜 시간을 쪼개 유학 비자 서류를 준비했고, 6개월 만에 승인이

났다. 간절함은 용기를 내게 해 주었고, 나는 새로운 꿈을 위해 유학길에 올랐다.

위기 속에 보이는 것들, 그리고 뜻밖의 기회

2011년 1월, 도쿄로 어학연수를 떠났다. 그리고 얼마 지나지 않은 3월 11일, 일본 동일본대지진이 발생했다. 지진 발생 당시는 마침 어학원 수업 시간이었다. 같은 반 학생들과 함께 근처 공원으로 피신했다. 어학원 학생들은 전부 유학생이었고 지진을 처음 경험했기에 걱정과 두려움이 가득 찬 모습이었다. 우리는 서로를 다독이고 감싸주었다. 국적과 나이는 중요하지 않았다.

여진은 계속됐고, 날은 점점 어두워졌다. 모두 운행 정지된 지하철과 버스는 다시 움직일 기미가 보이지 않았다. 우리는 각자 흩어져야 했다. 나는 집까지 걸어가는 방법을 택했다. 전쟁 피난 행렬처럼 길게 늘어서서 걸어가는 무리에 합류했다. 한없이 걷고 또 걸었다. 처음 맞는 상황에 두려움과 공포감이 가득했지만, 나와 나란히 걷고 있는 일본인들은 놀라울 정도로 침착했다. 주변의 공중전화와 호텔은 누구라도 사용할 수 있게 오픈되어 있었다. 어느 곳에서도 우왕좌왕하는 모습은 볼 수 없었다. 각자가 질서를 지키며 공중전화를 썼고, 급한 용무가 있는 사람을 위해 양보하는 모습이었다. 위기 상황에 대처하는 일본인들의 모습을 직접 보게 된 것이다. 그렇게 되기까지는 오랜 시간의 노력과 훈련이 필요했을 것이다.

다음 날에도 여진은 계속되었고, 방사능 문제가 터져 나오고 있었기에 나는 물과 빵을 사러 온 동네를 돌아다녀야 했다. 물은 한 가구당 한 병으로 제한되어 있었기에 여러 곳을 돌아다녀야 했다. 솔직히 귀찮고 불만스러웠다. 하지만 주변의 일본인들은 침착한 얼굴로 각자가 필요한 양의 물건만 구매했다. 다른 사람에 대한 배려였다. 이기적인 내가 부끄러워졌다. '배려'가 몸에 배어 있는 모습은 분명 배워야 할 점이라는 생각이 들었다.

며칠 뒤, 한국에 있는 가족들의 걱정에 서둘러 귀국하게 되었다. 하지만 한국에 있는 것도 가시방석이었다. 내가 꿈꾸던 세상이 송두리째 날아가 버린 기분이었다. 금세 한 달이 지났고, 다시 선택의 기로에 섰다. 나는 목표가 분명했기에, 오랜 고민은 하지 않았다. 그렇게 가족들의 걱정을 뒤로하고 도쿄로 돌아왔다. 일본어학교 수업이 다시 시작됐지만, 학생 수는 많지 않았다. 하지만 시간이 지날수록 한두 명씩 돌아왔다. 그들이 다시 일본으로 오기까지 얼마나 많은 고민을 했을지 나는 잘 알 수 있었다. 우리는 국적과 나이를 뛰어넘어 서로 위로하고 격려하며 더 친밀해졌다.

한바탕 태풍이 휩쓸고 간 것 같았던 일본도 점차 안정을 찾아 갔고, 그런 일을 겪으며 나에게도 더 열심히 공부하고 생활해야겠다는 의지가 생겨났다. 그러던 중, 어학원 게시판에 붙은 '자쏘jasso(일본학생 지원기구)장학금' 공지를 보게 되었다. 1차 명단엔 내 이름도 적혀 있었다. 원래 어학원 장학금은 6개월 이상 어학원 수업에 참여한 학생들을 대상으로 출석률과 성적을 반영해 1차 명단을 만든다. 나는 일본에 온 지 3개월 밖에 안 지났기에 대상이 될 수 없는 상황이었다. 학생과에 확인해 보니, 지진 때문에 학생 수가 적어 특별히 기간 제한을 없앴다는 것이다. 뜻하지 않게 찾아온 좋은 기회였다.

초급 일본어로 장학금 면접 준비를 하는 것은 힘든 일이었다. 예상 질문을 뽑아 외우고 또 외웠지만 막상 면접 의자에 앉으니 나의 초급 일본어는 한계를 넘지 못하고 엉뚱한 답변만 하게 되었다. 하지만 최대한 성실하게 대답하려고 노력했다. 아쉬운 면접이 끝나고 집에 돌아오자마자 어학원에서 전화가 왔다. 1년 동안 '장학금 수혜자'로 선정됐다는 연락이었다. 일본에 와서 처음 얻은 성과였다. 말로 표현할 수 없을 만큼 행복했다.

나중에야 교장 선생님을 통해 알게 된 사실이지만, 장학금 면접에서는 실력보다 발전할 가능성과 성실함을 중요시했다고 한다. 나는 모두의 기대에 어긋나지 않게 더 열심히 공부에 전념했다. 덕분에 우수한 성적으로 일본어 학교를 졸업할 수 있었다. 졸업식에서는 졸업생 대표로 단상에 올랐다. 그리고 어학원 사상 처음으로 3개월 만에 장학금을 받은 학생이라는 기록을 남겼다.

누구에게나 기회는 찾아온다. 하지만 그 기회를 잡기 위해서는 '준비'가 필요하다. 그 준비는 바로 '노력'이다. 노력은 절대 배신하지 않는다는 생각이 들었다. 다만, 조금 늦게 찾아오기도 한다. 그런 기다림을 즐길 수 있다면 유학 생활을 더 행복하게 할 수 있을 것이다. 위기는 때론 기회가 되어 돌아오기도 하고, 주변을 더 깊게 바라보는 안목과 배움을 가져다주기도 한다.

아르바이트의 달인으로 거듭나다!

나는 한국에서도 아르바이트 경험이 별로 없었다. 하지만 낯선 땅 일본에서 아르바이트의 달인이 되어갔다. 일본에 가기 전에는 상상도 못 한 일이었다.

다이닝ダイニング(일본의 일품요리, 퓨전요리를 가볍게 즐기는 곳) 레스토랑, 스시집(초밥집), 일본 옥션 구매대행 회사, 부인복 도매 회사, 아메요코アメ横, 우에노上野 상점가에 있는 커피숍, 스테이크 전문점, 호텔 조식 아르바이트, 5성급 호텔 레스토랑 서빙, 한국어 과외 등 다양한 일을 통한 끊임없는 시행착오를 통해 나름(?) 아르바이트의 달인으로 거듭나게 되었다.

처음 아르바이트를 시작할 때 가장 걱정된 것은 두 가지였다. 하나는 어설픈 일본어 실력, 그리고 나머지 하나는 나이였다. 삼십 대의 나이에 아르바이트를 구할 수 있을까? 이것이 가장 큰 걱정이었다. 초급 일본어 실력이었던 내가 아르바이트를 구하기 위해 처음 선택한 방법은 인터넷의 유학생 커뮤니티다. 다음카페의 '동유모(동경 유학생 모임)'에는 정말 유용한 정보가 가득하다. 일상생활정보부터 벼룩까지 많은 도움을 받을 수 있다. 그곳의 아르바이트 구인란을 보면, 초급 수준이 가능한 일본 가게들도 많이 소개되어 있다. 물론, 전화를 직접 거는 부담감이 있었다. 하지만 그것도 반복적으로 하다 보면 요령이 생기고 일본어 공부에도 도움이 된다.

일본어가 중급 정도의 실력으로 넘어가면서는 일본 인터넷 사이트를 이용했다. 그중에서 가장 편리하고 유용했던 건 '타

운워크town work, タウンワーク'나 '바이토루baitoru, バイトル'였다.
타운워크는 인터넷 사이트도 있고 인쇄물로도 발행되기 때문
에 선호하는 사람이 많다. 하지만 나는 비교적 경쟁률이 낮은
바이토루를 자주 이용했다. 지역이나 직종, 근무조건과 시급
을 꼼꼼하게 확인한 후, 마음에 드는 곳을 고른다. 그다음 간
단한 개인정보를 사이트에 입력해서 지원하면 가게에서 연락
이 온다. 물론, 오지 않는 경우도 있다. 하지만 좌절할 필요도
없다. 도전할 만한 구인광고는 넘쳐나기 때문이다.

그렇게 일본 가게에서 연락이 오면 면접 약속을 잡고 이력서
를 가지고 가면 된다. 나이에 대한 걱정은 참으로 '쓸데없는'
걱정이었다. 그들이 바라는 건 '나이'가 아닌 '성실함'이었다.
일본어가 조금 서툴러도 밝은 인상으로 성실하게 질문에 대
답한다면 채용될 성공확률이 아주 높다. 나는 아르바이트를
구하면서 힘들었던 경험이 거의 없었다. 연락이 안 올 때도 있
었지만, 면접 경험 자체만으로도 좋은 공부가 되었다.

4년간의 일본 생활에서 가장 기억에 남는 아르바이트는 스시
집 홀 아르바이트였다. 아카사카赤坂의 번화가 골목에 있는 작
은 가게였다. 면접을 간 날, 가게 안 풍경은 처음 가는 곳인데
도 포근하게 느껴졌다. 11석의 카운터 자리로만 이루어진 가
게로, 이타바板場(카운터 자리를 둘러싸고 있는 키친) 안쪽에

는 한국 국기와 일본 국기가 나란히 꽂혀있었다. 그것만 봐도 가게 주인(이하 '마스타ㅜ자ㅇㅡ'. 일본에서 가게 주인이자 주방장을 일컫는 명칭으로 마스타가 자주 쓰인다)이 한국에 대해 얼마나 애정을 가졌는지 알 수 있었다. 한국인 손님과 재일교포 단골손님들이 생기면서 한국 유학생 아르바이트를 뽑기 시작했고, 아르바이트생들의 성실함으로 한국에 대한 좋은 이미지가 생겼다고 한다. 그 뒤로 계속 한국 유학생만 뽑고 있다고 한다.

면접을 마스타와 아르바이트생(한국 유학생)이 함께 진행하는 것도 특이했다. 그만큼 직원들에 대한 신뢰가 두터운 건가 하는 생각이 들었다. 간단한 면접이 끝나자, 마스타는 나에게 봉투를 한 장 내밀었다. '면접비'라고 했다. 마스타는 아르바이트 면접을 보러 오는 모든 사람에게 면접비를 준다고 했다. 그렇게 사소한 것까지 챙기는 모습이 인상적이었기에 '이곳에서 일할 수 있다면 얼마나 좋을까?'라는 생각이 들었다. 그리고 집에 가는 길에 바로 연락이 왔다. 채용하기로 했다는 소식이었다. 낯선 곳에서 일을 시작한다는 부담감보다 설렘이 가득했다. 새로운 인연을 만들어 간다는 것이 그렇게 설레는 일인지 처음 알았다. 열심히, 성실하게 일해서 마스타가 가진 한국에 대한 좋은 이미지를 지켜줘야겠다고 생각했다.

스시집은 작은 규모였지만 마스타의 자부심이 대단했다. 아르바이트 인수인계는 2주간 계속됐다. 그곳은 대부분이 단골손님이었다. 마스타는 손님이 올 때마다 전임 아르바이트가 그만둔다는 아쉬운 소식과 새로운 아르바이트가 왔으니 잘 부탁한다는 인사를 했다. 매번 계속되는 소개에 쑥스럽고 낯설었지만, 모두가 따뜻하게 환영해 주는 가족 같은 분위기가 좋았다. 가게에서 일하는 직원은 이타바에서 일하는 마스타와 일본인 직원 그리고 주방에서 일하는 한국인 남자 아르바이트, 홀에서 일하는 나, 이렇게 모두 네 명이었다. 마스타와 손님들은 서로의 개인사까지 챙길 정도로 친밀했다. 모두 친절하고 따뜻했지만, 그만큼 신경 쓸 부분도 많았다.

마스타는 낯선 손님을 받지 않는다. 단골손님의 소개를 통해서만 예약할 수 있었다. 예약 없이 들어오는 낯선 손님은 가게 분위기를 흐릴 수도 있다고 생각해서다. 높은 매상보다는 기존 고객에게 최선을 다하는 일, 그것이 마스타의 가게 운영 철학이었다. 가게에는 메뉴가 따로 없었다. 말 그대로 오마카세 お任せ(맡기는 것)였다. 그날의 신선한 재료에 알맞은 최고의 요리를 내놓는다.

나는 출근하자마자 가게 안을 청소하고, 문밖에 물을 뿌린다. 손님을 맞이하기 위한 준비이다. 매일 정성을 다한다는 의미도 포함되어 있다. 그리고 마스타는 장사의 신(일본 사람들은 가게를 지키는 신이 있다고 믿는다)에게 기도를 올리고, 첫 예약 20분 전에는 마중을 나간다. 단골손님 중에는 전용 와인 잔과 젓가락, 마시는 음료까지 정해진 분들이 많다. 그분들을 위해 우리는 파리가 미끄러질 정도로 와인 잔을 닦아내고, 젓 가락에 새겨진 이름대로 세팅을 해야 한다. 동명이인이 많아 가끔 실수하는 일이 벌어지기도 한다. 그렇게 한결같이 최고 급 서비스를 하는 마스타의 장인 정신이 지금의 가게를 만들 었고, 나는 마스타를 존경하게 되었다.

손님과의 친밀한 유대관계 덕분인지, 마스타를 비롯한 우리 직원들은 단골손님들을 통해 여러 행사에 초대받기도 한다. 야구 결승전 경기를 VIP석에서 관람할 수 있는 행운이 오기 도 했고, 손님이 후원을 맡은 카레이싱 경기를 VIP석에서 고 급 도시락을 먹으며 편히 관람하는 호사도 누렸다. 또 경기 전 일반인들이 입장하지 못하는 구역에 들어가 선수들과 사진을 찍기도 하고, 그들의 우승파티 현장에서 함께 축배를 들기도 했다.

나는 오사카로 이사하게 되어 8개월 만에 가게를 그만두게 되 었다. 아르바이트가 끝나던 날, 손님 자리에 앉아 마스타가 해 주는 최고급 코스 요리를 먹었다. 그날 먹은 음식 맛은 절대 잊지 못할 것이다. 영업이 끝난 후 옹기종기 모여 와인을 마셨던 기억, 나중에 내가 책을 출판하면 100권 이상 사주겠다고 손가락 걸며 약속하고 함께 웃던 손님에 대한 기억, 주말에 가게를 대절貸切해서 단골손님들을 초대해 라쿠고落語(일본의 전통예술로 혼자서 단상에 올라가 앉아 여러 사람의 연기를 하며 청중을 즐겁게 해 준다) 공연을 보며 웃고 즐겼던 기억. 그런 추억들이 고스란히 마스타의 음식에 담겨 있었다. 내 인생 최고의 만찬으로 기억될 것이다.

오사카로 가고 나서도 마스타는 가끔 전화해 안부를 물었다. 어쩌면 그냥 그렇게 스쳐 지나가는 하나의 인연이었을지 모르는데, 사소한 인연까지 소중하게 여기는 그 마음이 참 고맙고 존경스러웠다.

여행지에서의 축제

여행이 주는 즐거움 중 하나는 낯선 사람들과의 교감일 것이다. 도쿄에 살던 시절 직장인 모임(한국인 모임)이 있었는데, 나는 지인의 초대로 그들과 함께 여행길에 오른 적이 있었다. 대략 10명 남짓이었을 것이다. 낯선 이들과의 동행, 낯선 장소는 나에게 설렘을 안겨다 준다.

사이타마현埼玉県의 치치부秩父는 '시바자쿠라柴桜'라는 꽃이 유명하다. 형형색색의 꽃이 지천으로 깔려 있어 동심으로 돌아간 듯한 즐거움을 준다. 동행들과의 친분은 없었지만, 그냥 함께할 수 있다는 자체만으로도 꽤 낭만적인 여행이라고 생각했다. 특히나 낯선 땅에서 만나는 한국 사람들은 모두가 반갑다.

우리는 마을 구경을 위해 두 팀으로 갈라졌다. 나는 원래 친분이 있던 두 명의 언니와 함께 천천히 걸으며 골목구경을 하기로 했다. 그러다 도롯가에 있는 한 가게가 눈에 들어왔다. 가게는 전면이 통유리로 되어 있어 안이 들여다보였고, 주인장처럼 보이는 두 사람은 문 앞에서 비올라를 연주하고 있었다. 이곳은 카페일까? 그러기엔 손님이 한 명도 없었다. 정체가 뭘까 궁금해하다 내가 용기를 내어(아니, 등 떠밀려) 물어보기로 했다.

"여기는 카페인가요?"

당연히 아니라는 대답이 돌아왔다. 그곳은 가구 공방이라고 했다. 그러고 보니 테이블이며 의자들이 예사롭지 않아 보였다.

"잠깐 들어가서 구경해도 될까요?"

그들은 흔쾌히 들어오라고 했다. 공방 안은 조용한 클래식 음악이 흐르고 있었다. 우리가 멋스러운 테이블에 앉자, 주인장이 음료를 가져다주었다. 서로에 대한 궁금증으로 시작된 질문은 결국 '우리들의 이야기'가 되었다.

분위기는 무르익었고, 주인장은 편의점에서 맥주를 사 들고 왔다. 그렇게 서로가 술잔을 기울였고, 즐거운 웃음소리가 공방 안을 가득 채웠다. 밖을 지나가는 사람들도 힐끔힐끔 안을 들여다봤다. 당시 나는 일본어가 익숙하지 않았지만, 우리들의 대화는 끊어짐이 없었다. 주인장은 빠른 템포의 음악으로 바꿔 틀었고, 한둘씩 흥이 오른 우리는 누가 먼저랄 것도 없이 리듬을 타고 있었다. 그렇게 공방은 어느새 파티장으로 변해가고 있었다.

한참 후에 쇼핑하러 간 다른 팀으로부터 연락이 왔다. 우리는 지금의 상황을 말했고, 그들은 더 많은 술과 안주를 사 들고 합류했다. 파티장으로 변한 공방은 순식간에 북적거렸다. 모두가 행복한 얼굴이었다. 누구 하나 낯설어하는 사람은 없었다. 밖을 지나가는 사람들만이 안을 들여다보며 신기하다는 듯한 얼굴로 기웃거렸다. 영원히 계속될 것 같았던 우리들의 파티는 자정쯤이 되어서 끝났다. 우리는 이미 많은 것을 공유하고 있는 사람들처럼 헤어짐을 몹시도 아쉬워했다.

여행은 그러하다. 낯선 곳에서 온 사람도, 낯선 이들을 맞이한 사람도 행복하게 만드는 묘한 힘을 가졌다. 행복한 추억은 평생을 지탱해 줄 만큼 놀라운 힘을 가지고 있다.

초심으로 돌아가게 해 준 자전거 여행

초심을 지킨다는 것은, 어쩌면 유학을 결정하는 일보다 더 어려울지 모른다. 사람들은 현재에 익숙해지면서 자신도 모르게 나태해지곤 한다. 유학길에 오르면서 가장 걱정했던 부분 중 하나이기도 했다. 나 자신이 나태해지고, 나약해질까 봐 두려웠다.

어느 늦은 저녁, 도쿄의 구석진 한 이자카야에서 친구와 단둘이 이야기를 나누고 있었다. 나태함, 초심을 지킨다는 것, 이런 이야기를 나누다가 문득 자전거 여행을 떠나보면 어떨까? 라는 생각이 들었다. 상상만 해도 짜릿했다. 술기운이라 가능했던 결정이었다. 그날 밤, 나는 집으로 돌아와 바로 간단한 짐을 챙겼고, 다음 날 아침 6시 마마챠리ママチャリ(기어가 없는 바구니 달린 자전거)를 끌고 집을 나섰다.

나는 엄청난 길치다. 오래전 도쿄의 아사쿠사浅草 근처에서 아르바이트를 한 적이 있는데, 교통비를 아껴보고자 40분 거리를 자전거로 왕복했다. 하지만 매일 다른 길로 가는 나를 발견

할 수 있었다. 의도된 일이 아닌데도 나는 매번 다른 길로 더 많은 시간을 투자하여 도착하곤 했다. 분명 직진 코스였는데도 말이다. 하지만 그게 꼭 나쁜 일만은 아니었다. 더 다양한 길을 볼 수 있어 즐겁다는 생각이 들기도 했으니까.

자전거 여행이 가능했던 것도 그런 생각에서 비롯됐는지 모르겠다. 특별한 목적지는 없었다. 가고 싶은 대로, 가고 싶은 만큼 가고 싶었다. 물론, 방향은 있었다. 하코네나 시즈오카 방향으로 가면 좋겠다고 생각했다. 일본 유학 전에 혼자 하코네를 여행했는데, 그때 받은 좋은 기억이 남아 있었다. 요코하마에 도착한 시간은 낮 12시였다. 70km를 자전거로 달려오는 데 6시간이 걸렸다. 그곳에서 점심을 먹을 때까지만 해도 나는 신이나 있었다.

하지만 일본의 여름은 실로 대단했다. 무더위는 물론, 습함이 콤보로 나를 공격했고, 탈진으로 맥도날드가 보일 때마다 쉬어야 했다. 언덕길이 나올 때는 내가 자전거를 타고 가는지 자전거가 나를 타고 가는지 모를 상황들이 생겨났다. 갑자기 길이 사라져 고생한 적도 많았다. 지도도 내비게이션도 없었다. 이정표를 따라 흘러가는 방법밖에 없었다.

혹시나 길 한가운데서 노숙하게 되면 어쩌지 하는 불안감도 찾아왔다. 그래도 다행인 것은 일본의 화장실에는 샤워기가 설치된 곳이 제법 많다는 사실이었다. 만약, 내가 도착하는 지점이 산 한가운데라면 화장실에서 신세 져야겠다고까지 생각했다. 나는 고방交番(파출소)이 보일 때마다 들어가 길을 물었다.

"하코네까지 가고 싶은데요…."

그들은 놀란 눈으로 나를 쳐다봤다. 그 표정 속에는, '저 자전거를 타고 거기까지 가겠다고?'라는 의미가 포함되어 있었다. 나는 꽤 진지한 표정으로 고개를 끄덕였다. 그제야 걱정스러운 눈빛으로 최대한 친절하고 자상하게 밖으로 나와 길을 안내해 주었다.

저녁 6시가 돼서야 하코네에 도착할 수 있었다. 꼬박 12시간이 걸렸다. 중간중간 포기하고 싶은 순간이 많았지만, 도착해서 바라보는 하코네의 풍경은 모든 고생을 단숨에 씻어내려 주었다. 세상에 이렇게 달콤한 바람이 또 있을까?

나는 최대한 맛있는 정식으로 고생을 보상하리라 마음먹었다. 한눈에 봐도 고급스러운 식당으로 들어가 최고급 료칸에서 맛볼 수 있는 정식 코스를 시켰다. 고운 색을 입힌 정갈한 음식들이 나오자 나는 순식간에 먹어치웠다. 배까지 불러오니 기분은 더할 나위 없이 최고였지만, 밖은 이미 어두워져 있었다. 그제야 숙소가 정해지지 않았다는 사실이 생각났다. 주변

료칸りょかん(일본전통여관)을 돌아다니며 물어봤지만 휴가철이라 이미 만실이었다. 그래서 내가 또 찾아간 곳은 '고방'이었다.

"도쿄에서 자전거를 타고 왔는데요, 숙소를 구할 수 있을까요?"

다른 고방의 순경들처럼 그들도 놀란 표정이었다. 하지만 몰골이 말이 아니었던 나를 위해 주변 비즈니스호텔을 찾아 하나씩 전화를 걸어 확인해 주었다. 그렇게 여러 번 전화를 돌린 끝에 빈방을 찾았고, 지도까지 그려서 내 손에 꽉 쥐여 주었다. 그리고 응원의 말도 아끼지 않았다. 여행길에서 만난 그들이 보여준 친절은 내게 일본이라는 나라를 다시 보게 만들었다.

호텔에 도착해 씻자마자 기절하듯이 잠들고 말았다. 육체적 고단함은 마음속에 자리 잡고 있던 모든 걱정을 잊을 수 있을 만큼 깊고 깊은 잠을 선물했다. 자고 일어나니 이제는 돌아갈 일이 걱정이었다. '자전거를 버리고 기차를 타고 갈까?'라는 생각이 나를 유혹했다. 하지만 밖으로 나오자 호텔 앞에 세워져 있던 나의 핑크 자전거가 햇빛을 받아 반짝거렸다. 그렇다. 12시간, 120km를 넘게 달려오는 동안 펑크 한 번 없이 견뎌준 나의 동료를 버릴 수는 없었다.

'천천히, 다시 천천히 가 보자고, 친구!'

그렇게 하코네를 떠났다. 돌아가는 길은 생각보다 쉬웠다. 1번 국도를 타고 직진만 하면 도쿄였다. 이렇게 쉬운 길을 나는 왜 그렇게 돌아왔던 것일까? 돌아가는 길에는 요코하마에 들러 야경을 보며 하룻밤을 보내기로 하고 느긋하게 움직였다. 하지만 나는 타고난 길치였다. 한 번에 가면 그건 내가 아닌 것이다. 길을 떠난 지 몇 시간 후, 나는 요코하마로부터 점점 더 멀어지고 있었다.

'그럼 그렇지!'

하지만 그것도 나쁘지 않은 것이, 에노시마江ノ島 이정표가 보이기 시작했다. 세상에, 에노시마라니! 에노시마는 내가 가장 좋아하는 여행지였다. 석양을 보며 해안가를 달릴 생각에 다시 신이 났다. 에노시마에서 가마쿠라鎌倉까지 해안 도로를 달려야겠다고 생각했다.

역시나 해변을 달리며 바라보는 석양은 황홀할 만큼 아름다웠다. 그 자리, 그 시간 안에 있는 내가 고맙고 행복했다. 이 시간이 계속됐으면 좋겠다고 생각했다. 하지만 해는 금세 저물고, 바다는 순식간에 어둠 속으로 사라졌다. 나는 몹시 지쳤고, 가마쿠라까지 가기에는 무리라는 생각이 들었다. 다시 에노시마로 돌아와 숙소를 구해야만 했다. 만만치 않은 일이었

다. 곳곳에 만실이라는 푯말이 꽂혀있었다. 다시 큰길로 나갈
까 잠시 생각했지만, 어둠이 가득한 도시는 내게 공포 그 자체
였다.

다행히도 마지막으로 물어본 곳에 빈방이 있었다. 넓은 다다
미방으로 욕실이 딸려있지는 않았지만, 호텔에 대욕장이 있어
서 마음에 들었다. 피곤한 몸을 욕조에 담근 뒤 캔맥주 한잔!
그제야 긴장이 풀렸다. '풋'하고 웃음이 새어 나왔다. 어제, 오
늘 있었던 모든 일이 꿈처럼 느껴졌다.

'참, 겁이 없구나. 나란 사람은….'

하지만 '어쩌면 이런 게 행복이 아닐까?'라는 생각이 들었다.
내가 도쿄를 떠나온 이유가, 그 고생을 하며 달려온 이유가 지
금 마시고 있는 맥주 한 캔 때문일지도 모른다는 생각마저 들
었다. 맥주 한 캔은 고생 끝에 오는 짜릿한 즐거움의 다른 이
름이었다.

다시 열심히 살아야겠다는 결심을 했다. 자전거 여행은 나태
해진 나를 초심으로 데려가 주었다.

노력은 절대 배신하지 않는다

2012년 12월, 도쿄에서의 어학연수를 마쳤다. 2년간의 어학

성적표는 그동안의 노력에 대한 첫 결과물이었다. 졸업식 단상에 올라 졸업장을 받고, 그동안 정들었던 선생님, 친구들과 아쉬운 작별 인사를 했다. 서로 국적은 달랐지만, 아쉬운 정도가 다른 건 아니었다. 나에게 많은 조언을 해 주셨던 교장 선생님에게도 감사인사를 했다. 그분은 교장으로서가 아닌 선생으로서도 최선을 다했다. 정규 수업이 끝나도 더 공부하고 싶어 하는 학생들을 모아 따로 가르쳤고, 주말에도 쉬지 않고 학교에 나와 수업 자료를 준비할 정도로 열정이 가득한 분이었기에 진심으로 존경하게 되었다.

다음 해 2월, 오사카로 이사했다. 편입하기로 한 대학이 오사카에 있었기 때문이다. 한국인 직원이 있는 부동산을 통해 집을 얻었다. 가구나 가전제품 등 모든 것이 다 갖춰져 있는 곳이라 편했다. 하지만 낯선 곳에서의 적응은 생각보다 쉽지 않았다.

오사카는 도쿄와 비교하면 더 활기찬 도시다. 비교적 조용한 도쿄에 적응되었던 탓인지 한동안은 도쿄로 다시 돌아가고 싶다는 생각에 우울했다. 다행히 학교에 한국 유학생이 많아 서로 정보도 공유하는 등 학교생활에는 빨리 적응했다. 얼마만의 대학 생활인지, 가슴이 벅차올랐다. 대부분 띠동갑 정도로 어린 학생들이었고, 나는 그들과의 경쟁에서 뒤처지지 않기 위해 많이 노력해야 했다. 강의가 끝나면 아르바이트를 하기 위해 바로 뛰어가야 했고, 밤늦게 돌아와 리포트를 써야 했다. 힘들고 피곤한 일상이었지만 그 피곤함은 뜻밖에 달콤했다. 얼마나 간절히 원했던 삶이었는가를 되새기며 당시의 모든 것에 감사했다.

성취감은 나의 노력에 날개를 달아주었다. 일본의 대학은 출석체크 대신 수업이 끝날 때마다 감상문을 제출한다. 내가 쓴 감상문이 잘 썼다며 여러 번 발표되면서 더 잘해야겠다는 욕심이 생겼다. 칭찬은 고래도 춤추게 만든다는 말은 사실이었다. 시험 기간이 되면 잠을 거의 자지 않았다. 일본 학생들과의 경쟁이었기에 부족한 일본어를 만회하기 위해 더 노력해야 했다. 외우고, 또 외우고도 불안한 마음에 새벽같이 학교에 가서 최종 점검을 했다. 그렇게 첫 성적표를 받아든 나는, 노력에 배신은 없다는 생각을 하게 되었다. 그리고 또 한 번 '자쏘 장학금' 수혜자로 선정되면서 노력의 열매는 더욱 빛났다.

3학년으로 편입한 나는 오사카 유학 2년째에 4학년이 되었고, 지도교수님이 정해졌다. 지도교수님 그리고 같은 졸업연구학생 10명과 함께 논문에 대해 많은 이야기를 나눌 수 있었다. 수업은 교수님 연구실에서 진행되었고, 시작 전 우리는 매번 다도를 배웠다. 차 한잔을 마시기 위해 얼마나 정성을 기울

여야 하는지 처음 알게 되었다. 솔직히 당시에는 매번 하는 다도 의식과 계속되는 지적이 귀찮고 싫었다. 하지만 지금 돌이켜 생각해 보니 정말 좋은 공부이자 경험이었다.

지도교수님의 도움으로 나는 논문을 완성할 수 있었고, 또한 교수님의 추천으로 졸업식에서 학부장 표창장을 받을 수 있었다. 4년간의 노력이 고스란히 담긴 표창장. 그 표창장을 받아 든 내 눈에 눈물이 고였다. 기쁨과 감격의 눈물이 흘러내렸다. 노력은 나를 배신하지 않았고 다시 시작된 나의 꿈에 큰 희망을 주었다.

추천 여행지 '비와코 밸리琵琶湖バレイ'

일본에 살면서 가장 인상적이었던 여행지 한 곳을 추천하라면, 나는 자신 있게 '비와코 밸리'라고 말할 수 있다. 바다처럼 광활하게 반짝거리는 비와코가 한눈에 펼쳐져 보이는 비와코 밸리는 마치 천국과도 같았다. 비와코琵琶湖는 면적 673km^{2}로 서울(605km^2)을 빠뜨릴 만한 크기의 호수다. 폭이 넓은 곳은 마치 바다처럼 보일 정도다.

교토京都 인근 시가현滋賀県 오츠시大津市에 있는 비와코 밸리는, 오사카에서 전철로 대략 1시간 30분 정도 떨어진 곳이다.

사계절이 다 아름답지만, 겨울에는 특히 스키장으로 유명하다. 여름에는 히에이산比叡山 정상의 선선한 기온(18℃ 정도) 덕분인지 피서지 역할을 톡톡히 하고 있다. 일본의 다른 유명 여행지에 비해 국내에는 많이 알려지지 않아 숨은 보석 같은 곳이다. 오사카 출신의 지인들에게 물어봐도 이곳에 가 본 사람은 그다지 많지 않았다. 산 높이는 대략 1,100m 정도로, 로프웨이(케이블카)를 타고 올라간다. 일본에서 가장 큰 로프웨이로도 알려져 있다. 로프웨이를 타고 올라가며 바라보는 비와코는 정말 평화로운 바다의 모습이다. 호수라는 것이 믿기지 않을 정도다.

비와코는 하나비花火(불꽃놀이)로도 유명하다. 나도 아직 보지 못했지만, 지인의 표현을 빌리자면 '정말 말로 표현할 수 없을 정도로 아름다워서 죽기 전에 꼭 봐야 할 명장면'이라고 한다. 비와코 밸리 정상에는 여러 이벤트가 준비되어 있다. 물론, 아름다운 절경과 관련된 것들이다. 나는 이곳에서 'zip-line'이라는 것을 처음 경험했다. 와이어를 타고 산속을 누비기도 하고, 햇살을 받아 반짝이는 비와코 호수를 건너기도 한다. 처음엔 무서운 생각도 들었지만, 철저한 교육을 통해 한 조(10명가량)가 같이 협력하며 이동하기에 금세 익숙해진다. 짧은 코스에서 시작, 점점 긴 코스로 이어지면서 요령이 생기면 주변 풍경을 감상할 만큼의 여유도 생겨난다. 하늘을 나는 기분이 어떤 것인지 아주 조금은 알 수 있게 해 준 체험이었다.

비와코 밸리에는 뷔페, 화덕피자 등 식당도 여럿 있고 절경과 어우러진 아름다운 카페들도 있다. 나는 로프웨이 이용과 뷔페를 세트로 구매해서 이용했다. 아름다운 전망을 감상하며 먹는 신선한 음식들은 크나큰 행복감을 가져다줬다. 가끔은 떠나야 하는 이유가 바로 그곳에 있었다.

한여름에도 시원하게 불어오는 바람은 산책길을 즐겁게 만들어주었다. 쌀쌀함이 느껴질 때도 있으니 카디건 역시 필수인 듯싶다. 하지만 그 바람은, 여름에서 가을로 넘어가는 기분 좋은 바람이었다. 포근한 이불을 턱밑까지 바짝 끌어당기는 듯한 행복감. 어쩌면 그곳은 가장 먼저 가을을 만날 수 있는 장소인지도 모른다. 넓고 푸른 초원, 하늘과 맞닿아 있는 듯한 파란 하늘은 일상의 피곤함을 금세 잊게 해 준다. 그것이 자연의 아름다움이 주는 힘인 것 같다. 소중한 사람과 함께라면 더 좋겠지만, 혼자서도 충분히 즐길 수 있는 '최고의 힐링 장소'라고 생각한다.

나는 아직 소설가의 꿈을 이루지 못했다. 하지만 일본에서의 다양한 경험은 내 인생의 훌륭한 밑거름이 되어 나를 지탱해 줄 것이라 지금 이 순간도 믿고 있다. 그리고 일본 생활을 통해 또 하나의 꿈을 얻었다. 그것은 번역가의 길이다. 내가 좋아하는 일본 작가들의 작품, 그리고 그 속의 정련된 문장, 그 하나하나를 번역하며 얻어지는 기쁨! 이 즐거움에 도취하여 오늘도 나는 번역가가 되기 위해 계속 노력하고 있다.

기회는 누구에게나 찾아온다고 생각한다. 그것을 맞이하는 사람이 준비되어 있는지, 아닌지에 따라 내 것이 될 수도 아닐 수도 있다. 나는 다양한 분야의 일본어 번역 아르바이트를 통해 실력을 쌓아가고 있고, 나의 유학 경험 이야기를 쓸 기회도 생겼다. 이렇게 열심히 살아가다 보면 나의 꿈도 분명 탐스러운 열매를 맺을 수 있을 것이다. '노력은 절대 배신하지 않는다'는 말을 믿고 있기에 그 믿음은 더욱 단단하게 오늘을 살아가는 나를 지탱해 준다.

4년간의 일본 생활은 나에게 '화양연화'였을지도 모른다. 인생에서 가장 아름답고 행복한 시간, 화양연화 말이다.

내가 살아갈
삶의 장소를
정하기까지

양진옥

〈냉정과 열정 사이〉라는 영화가 있다. 동명의 소설을 원작으로 한 영화. 2001년 본 이 영화로 내 인생이 바뀌었다면 과장일까? 여자 주인공의 영화 속 대사는 내게 너무나도 인상적이었다. 그 말 덕분에 난 일본에서 취업도 하고 지금 이렇게 일본에서 살고 있는지도 모른다.

"내가 살아갈 곳은 다른 곳도 아닌 이곳 밀라노야…."

이 말을 접하기 전, 난 내가 살아갈 장소를 정한다는 걸 생각해 본 적이 없다.

중학교 시절, 공부가 좋아서 인문계에 진학하려 했다. 하지만 여자란 자고로 상업고(상업고등학교) 나와서 무난히 취업한 다음, 적당한 남자 만나 결혼하고 애 낳고 사는 게 가장 행복하다는 아버지 말씀. 어쩔 수 없이 상업고로 진로를 정했다. 내가 가고 싶었던 대학에의 꿈을 접은 것이다. 이런 상황의 나에게 유일한 탈출구는 영어공부였다.

상업고 공부가 너무 하기 싫었지만 학교공부를 포기하면 내가 좋아하는 영어도 못하게 될 걱정에 열심히 공부했다. 고2 때는 미국으로 유학 가신 영어 선생님의 영향으로 나도 영어권으로 유학 가고 싶다는 생각을 했다. 아버지께 운을 띄어 보았지만, 시골에서 농사란 것밖에 모르셨던 아버지는 '유학'이란 말 자체에 놀라 그저 반대만 하셨다. 하는 수 없이 상업고 3년간을 조용히 학교만 다녀야 했지만, 아버지가 원하는 평범한 여자로서의 인생은 싫었다. 우등생으로 고교를 마치고 보수가 꽤 괜찮은 보험회사에 경리로 취직했다.

우연히 찾아온 일본 유학에의 길

하지만 사람은 하고 싶은 걸 하지 못하면 미련이 남고 계속 그 감정에 시달린다. 무슨 일을 해도 만족하지 못하는 생활이었다. 그러던 어느 날, 일본에서 유학하고 있던 친구가 한국에 들어와서 오랜만에 만났다. 사실 나도 그저 유학이란 두 단어만 알았지 내가 사는 시골에서 그 이상의 정보를 얻기는 어려웠다. 그런데 친구가 얘기하는 일본 생활 이야기가 너무 신기하고 재미있었다. 친구와의 대화를 계기로 영어권 유학에서 일본 유학으로 나의 진로를 바꾸게 되었다. 결정적인 이야기를 들었기 때문이다. 바로 일본은 인건비가 비싸서 아르바이트라도 하면 학비를 벌면서 하고 싶은 공부를 마음대로 할 수 있다는 정보였다. 망설일 이유가 없었다. 그때부터 마음이 급해진 난 회사를 그만두고 아르바이트를 1년 정도 더 했다. 그리고 그 돈으로 무작정 일본으로 떠났다. 떠나기 바로 전날에야 아버지께 옆집이라도 놀러 가듯 다녀오겠다는 한마디를 남긴 채 말이다.

영어공부만 하던 내가 유일하게 암기하고 있던 것은 히라가나뿐. 처음에는 일본어학교에서도 말이 안 통하고 일상생활하는 데도 어려움이 많았다. 말을 못 하니 당장 아르바이트도 구할 수 없었고 그렇다고 아버지께 손을 벌릴 수도 없었다. 그땐 어떻게든 일본어를 빨리 습득하는 일이 내가 살 길이었다. 그리고 항상 나의 공부를 반대만 하던 아버지를 이기는 방법이었다. 내 인생을 내가 정한 만큼, 스스로 책임을 져야 한다는 생각만 머리에 가득하던 시절이었다. 지금 생각하면 무모한 결정이었고 주먹구구식으로 떠난 유학임이 틀림없다. 내가 일본에서 그나마 버티며 공부할 수 있었던 것은 낙천적인 성격과 도전정신 덕분이었다.

얼마 지나지 않아 한국에서 가지고 온 돈이 거의 바닥을 드러냈다. 환율의 악영향도 있었다. 당장 어떻게든 돈을 벌어야만 했다. 급한 마음에 지금 생각해도 얼굴이 화끈거리고 웃음 밖에 안 나오는 행동이지만 서클케이산쿠스(예전 이름은 산쿠스) 편의점에 무턱대고 들어가서는 일본어로 "저 아르바이트하고 싶어요. 여기서 일하게 해 주세요."라고 말했다. 밤새 연습했는데도 혀가 꼬이고 버벅대는 말투로 말이다. 어안이 벙벙한 얼굴로 날 쳐다보는 점장을 보고 아르바이트는 이미 물 건너갔다 생각했다. 하지만 당시 점장이던 스즈키 아주머니는 기가 막혀 하시면서도 일본어도 제대로 못 하는 나를 채용해 주셨다. 나중에 다른 곳으로 이사하면서 그만두긴 했지만 이사 후에도 종종 안부 전화를 드렸다. 나중에야 들어서 안 사실이지만 처음 내가 채용해 달라고 무턱대고 부탁을 했을 때 누구보다도 열심히 일할 거 같아서 채용하셨단다.

그 어떤 일본인 학생들보다도 열심히 일하고 청소기는 자처해서 돌리고, 다들 꺼리는 새벽 아르바이트도 마다치 않았다. 작은 정성이나마 보태서 채용해 준 고마움에 보답해야겠단 생각에 열심히 일했다. 더군다나 아르바이트는 일본인과 말을 많이 할 수 있는 절호의 기회였다. 나보다 2~3살 정도는 어린 일본인 아르바이트 동료들에게 밥 사준다고 만나선 말도 안 되는 일본어로 지껄여댔었다. 아마 그 친구들에게는 엄청난 고역이었을 거다. 내 말도 안 되는 일본어를 상대해 준 당시 친구들에게 이제라도 감사의 마음을 전하고 싶다.

덕분에 6개월 만에 일본어를 어느 정도 습득하고 그 기쁨에 한 달에 한 번 정도 즐기던 영화를 보러 갔다. 그때 본 영화가 바로 〈냉정과 열정 사이〉였다. 영화를 보며 무작정 일본에 와서 일상생활에 지장 없을 정도의 일본어는 구사하게 되었지만, 진정 이 실력으로 내가 직업을 구할 수 있겠느냔 의구심이 들었다. 만약 내 삶의 터전이 일본이라면 지금 일본어 실력으론 어림없겠다는 생각에 정신이 번쩍 들었다. 그 이후 난 진학을 결심했다. 그것도 여자 주인공이 사는 밀라노에 가 보고 싶다는 막연한 생각과 수업료 분납이 가능하단 말 한마디에 관광전문학교에 진학하기로 말이다.

매일 저녁 야키니쿠집(불고기집)에서 아르바이트를 하고, 주말에는 전문학교 체험수업 안내 아르바이트 그리고 도쿄 각 지역에서 열리는 이벤트 통역 아르바이트를 했다. 학교는 당연히 열심히 다녔다. 학교 출석률을 내 목숨이라 여기며 정신없이 생활하다 보니 2년이란 세월이 금방 지나가 버렸다. 지금 생각하면 그 시기는 무척 짧게 느껴지고 눈물겨웠다.

눈물의 졸업식, 그리고 일본 직장생활 시작!

학비에 생활비에 경제적으로 빠듯한 생활이었지만 나에게는 한 가지 소망이 있었다. 바로 내 전문학교 졸업식에 부모님을 초대하는 것이었다. 그렇게도 나의 공부를 반대하셨던 아버지, 그리고 항상 금전적으로 도움이 안 되어 미안해만 하시는 어머니에게 내가 이리 열심히 일본에서 생활했노라 꼭 보여드리고 싶었다. 아르바이트 사이사이 공원에서 빵 하나로 끼니를 때우며 모은 돈으로 왕복 비행기 표를 사고 졸업식 후에 부모님을 모시고 갈 일본 동북지방여행도 하나 준비했다.

당시 시골에서 사시며 외국여행을 처음 하시는 부모님을 위해 공항으로 마중 나가 모셔오고 졸업식장 객석에 앉아 계시게 했다. 매일 계속되는 아르바이트로 성적이 그리 우수하진 못했다. 하지만 누구보다 열심히 노력했다는 걸 알고 계셨던 담임선생님의 추천으로 노력상을 받았다. 상을 받고 감격에 겨워하는데 졸업식 마지막에 대미를 장식하는 이별 노래가 흘러나왔다. 그동안 겪은 일들이 주마등처럼 머릿속을 스쳐갔다. 누구보다 열심히 해냈다는 생각에 나도 모르게 그만 눈물이 펑펑 쏟아지고 말았다.

2년 동안 바쁜 일상으로 친구 한 명 변변히 사귀지 못했던 일,

제대로 먹지 못해서 항상 배고팠던 일. 그런데도 도중에 포기하지 않고 부모님까지 모시고 졸업식을 할 수 있었던 그 현실에 감격해서 눈물이 멈추지 않았다. 당시에 이미 취업도 예정되어 있었다. 일본에서도 이름만 대면 다 알만한 여행사에 졸업 전에 합격한 상태였다.

지금은 돌아가신 아버지. 아버지는 5년 동안 암 투병 생활을 하셨다. 일 년에 4번 정도, 모든 유급휴가를 다 써서 한국으로 찾아뵈었다. 약 기운으로 정신이 말짱하지는 않으셨지만, 졸업식이 인상적이셨는지 졸업 당시엔 아무 말씀도 하시지 않으셨던 분이 내가 참 대견했다고 만날 때마다 눈물을 흘리시곤 했다.

여행사에 취직할 수 있었던 결정적인 계기가 있다. 면접 당시 왜 여행사 취업을 원하느냔 질문에 〈냉정과 열정 사이〉의 여자 주인공이 떠오른 나는 "영화 주인공이 살던 밀라노를 비롯한 영화 촬영지를 가 보는 데 여행사가 도움될 거 같다"는 어처구니없는 답변을 했다. 하지만 그 대답 덕분에 여행사에 합격할 수 있었다. 취업과 동시에 내가 살아갈 곳은 현재 이곳, 일본으로 정해지기 시작했던 것 같다.

하지만 역시 외국인이 일본에서 일하면서 산다는 건 만만한 일이 아니었다. 일본에서 직업을 가지고 살려면 생활일본어만으로는 부족하다. 내 사회 초년생 생활 또한 참으로 고단함, 피곤함 그 자체였다. 내가 일본어를, 일본을 만만히 본 대가인지도 모른다. 우리나라와 비슷하다고 생각했던 일본 문화도 일하면서 실제로 접하니 다른 점이 많았다.

일본어학교 1년, 전문학교 2년, 일본 생활을 3년 하고도 나에겐 또 넘어야 하는 벽이 있었으니 바로 비즈니스 일본어였다. 유난히 손님도 많이 접하고 말도 많이 하는 직업, 여행사에 입사한 나는 일본어 말문은 분명 트였는데 매일 답답함을 느껴야 했다. 하루는 손님으로부터 나의 상사인 시마즈 과장을 바꿔 달란 전화를 받았는데 난 아주 당당하게 "시마즈 과장님, 지금 자리에 안 계세요."라며 전화를 끊었다. 주위 시선이 그리 따가웠던 건 시골 이장님에게 등 떠밀려 참가한 천안 삼거리 미인대회 이후 처음일 거다. 옆에 있던 일본인 상사가 하얗게 질린 얼굴로 다가와서 말했다.

"손님에게 우리 회사 사람을 이야기할 때는 거두절미하고 이름만 얘기해야 하는 거야. '죄송합니다만, 시마즈는 지금 자리에 없어요.'라고 말이야."

존경어만 잘하면 되는 줄 알았지 실제로 그리도 많이 겸양어를 쓰는지 몰랐다. '생활 일본어' 실력이 전부였던 난 그 즉시 서점으로 가서 비즈니스 일본어책 세 권을 사 왔다. 매일 점심

시간마다 탈의실에 쪼그리고 앉아 책을 보면서 미친 사람처럼 중얼거리며 외웠다. 이제 회사 생활하는 데 문제없겠거니 했지만 그건 나의 착각에 불과했다. 일본이라면 떠오르는 서비스 정신! 시골에서 놀이며 밭을 놀이터 삼아 뛰어놀던 내게 서비스란 말은 생소할 수밖에 없었다.

하루는 도쿄에 사는 손님이 일본의 한 온천여행지에 전철을 타고 가서 본인이 정한 료칸りょかん(일본전통여관)에 묵고 싶으니 예약해 달라고 했다. 난 그분이 말한 료칸과 전철에 대해서만 알아보고 예약했다. 그런데 그 내용을 점검하던 상사가 나를 불렀다. 드라마 〈시크릿 가든〉 대사도 아니고 "이게 최선이야?"라고 호통을 치는데 어안이 벙벙할 수밖에 없었다. 모기 같은 목소리로 조심스럽게 물었다. "제가… 뭘 잘못 예약했나요?" 그러자 상사가 말했다. "여행사란 그저 손님이 말한 것만 예약하면 되는 게 아니야. 우린 서비스를 제공하고 돈을 받는 곳인 만큼 여행에 대한 프로로서 손님께서 여행하시는 데 조금이라도 더 편리하고 좋은 정보가 있으면 제공해 드려야 할 의무가 있는 거야." 사실 그 당시의 나에게 그 이야기는 상사의 잔소리로밖에 들리지 않았다. 하지만 지점 내에서 매달 매출순위를 발표하는데 거의 비슷한 수의 손님을 상대하면서도 왜 그 상사가 항상 최고 성적을 올리는지 아는 데는 그리 오랜 시간이 필요치 않았다.

2020년 올림픽 개최지 선정 프레젠테이션에서 일본이 강조했던 'お·も·て·な·し(환대)'며 '思い遣りぉもぃゃり(배려)'를 당시 여행사에서도 입에 침이 마르도록 강조했었지만 그걸 진정 이해할 수 있는 순간은 시간이 훨씬 지난 뒤에야 내게 찾아왔다.

어느 날 한 여성분이 혼자 호주 옆에 있는 뉴칼레도니아에 가고 싶다며 여행사를 찾아오셨다. 가고는 싶지만 어떻게 가야 하는지, 어디쯤인지 잘 모르겠다며 상담을 요청해 왔는데 사실 나도 처음 듣는 곳이라 당황했지만, 거짓말을 하면 안 되겠다 싶었다. 손님에게 양해를 구하고 세계지도를 꺼내 들고는 같이 찾아보자며 상담을 시작했다. 손님의 요청사항을 메모해 놓고 일단 손님이 돌아간 다음에도 최고의 여행을 만들겠다는 집념으로 여행계획을 짰다. 그 결과 손님은 덕분에 진정 만족스러운 여행을 할 수 있었다며 여행에서 돌아오는 길에 나를 위해 자그마한 선물로 과자를 사 왔다. 그 고객은 내가 여행사 직원이 된 이래 최초의 단골손님이 되었다. 또한 그 여행계획서를 본 상사는 "그래, 서비스란 이런 것이지. 서비스를 받을 고객을 배려하기 위해서는 그 처지가 되어 생각하는 것이 가장 중요한 거야."라고 말해 주었다.

서비스란 말은 많이 들어보았지만, 그 단어가 이리 무겁고 쉽지 않은 것이라는 사실을 그때야 실제 온몸으로 깨달았다. 태어나서 처음으로 진정 남을 배려할 줄 아는 사람이 되었다고 할 정도로 일에서 배운 교훈은 컸다. 그 이후 난 고객을 만족하게 하려고 무던히 노력했던 것 같다. 어느 날 보니 내가 여행사 매출순위 1위를 달리고 있었으니 말이다.

일본에서 아무리 잘해도 외국인에겐 한계가 있다?!

손님을 상대하는 서비스업이 그때부터 참으로 재미있고 즐거워졌다. 그러던 어느 날, 나보다 1년 일찍 입사한 일본인 남자 직원이 일에서 실수를 했다. 그런데 그걸 혼내는 상사의 한 마디가 나의 직장생활에 찬물을 끼얹었다.

"네가 이렇게 실수를 하니까 승진을 못 하는 거야. 너 이러면 나중에 외국인 상사 밑에서 일하게 될걸?"

영업시간 종료 후라 셔터를 내리고 낮에 못했던 손님의 요청사항을 옆에서 메모하던 나는 몸이 굳는 것 같은 느낌을 받았다. 당시 외국인으로는 그 회사에 처음 입사한 만큼 꿈도 많았고 회사에서도 나에게 기대하고 있다고 믿고 있었다. 하지만 직장 상사가 은연중에 한 말 한마디는 충격 그 자체였다. 아무도 입 밖에 내지 않았지만 외국인에 대한 엄연한 차별이 존재했다.

처음 입사할 당시는 계약사원이었지만 사내 승진 시험이 있고 그걸 패스하면 정직원은 물론 승진도 할 수 있다고 했다. 시험에 대한 부담도 컸지만 그만큼 설렘도 있었다. 하지만 결국 결혼과 너무 바쁜 여행사 일에 임신까지 겹쳐 몸에 부담이 컸기에 아쉽지만 잘 다니던 회사를 그만두게 되었다.

그 후 한참을 출산, 육아로 일을 접고 가사에 전념했다. 하지만 계속 정신없이 일했던 생활이 몸에 배어서일까. 나는 다시 취업 전선에 뛰어들고 싶다며 육아를 남편에게 떠넘기고 취업활동에 나섰다. 장남인 남편 의견에 따라 삶의 터전을 도쿄에서 나고야로 옮겼다. 첫 직장에서처럼 취업활동을 하며 외국인에 대한 차별 아닌 차별을 많이 느꼈다.

나고야의 한 회사에 면접을 보러 갔을 때의 일이다. 면접 도중 면접관이 느닷없이 "미안합니다만, 만약 우리 회사에서 일하게 된다면 당신의 한국 이름이 아닌 일본인 남편 성으로 일해 주실 수 있습니까?"라고 하는 것이 아닌가. 여러모로 조건이 서로 안 맞아서 이 회사와는 결국 인연이 닿지 않았지만 말이다.

도쿄에서처럼 쉽게 취업이 되지 않아 마음고생이 심하던 어느 날, 나고야에서 큰 취업 박람회가 개최된다는 소식을 접했다. 남편도 한 번 가 보는 것이 어떠냐고 권했다. 그동안의 힘든 일로 마음이 많이 지쳐있어서일까, 그다지 귀에 들어오지 않아서 대충 대답하고는 잊고 있다가 결국 남편에게 등 떠밀려 가게 되었다. 토, 일 이틀에 걸쳐 개최되는 취업박람회였다. 일요일 오후 4시까지 진행되었는데 오후 1시쯤 회장에 도착해서 참가한 회사들을 대충 조사했다.

괜찮을 거 같은 회사의 설명회를 듣고자 부스를 찾았는데 딱 봐도 외국인 이름인데도 외국인이냐고 묻기보다는 회사 특성상 영업소 및 지점이 많다 보니 전근이 많다는 설명부터 했다. 전근하는 것이 문제가 안 된다면 앉으라며 자리를 권했다. 사실 여행사를 그만둔 이후 아이러니하게도 아버지의 권유로 진학한 상업고 시절에 따 놓았던 부기자격증 덕분에 일본에서 잠깐 경리로 일했다. 그런데 이 회사에서도 우연히 경리를 채용코자 했다. 부담 없이 참가한 취업 박람회여서 긴장감이 없었기에 회사 담당자와 아주 유쾌하게 대화를 나눌 수 있었다. 일본 사람들이 사양할 때 자주 쓰는 멘트인 "나중에 연락을 드리겠습니다."라는 말을 듣고 자리에서 일어났다.

이 말에 취업은 글렀구나 싶었지만 이후 진짜 연락이 왔다. 직접 찾아간 회사는 생각보다 큰 기업이었다. 채용면접을 몇 번

더하겠다는 말도 사전에 없었지만, 결과적으로 두 번에 걸친 면접과 불시에 치러진 필기시험에 합격해서 난 현재 이 회사에 잘 다니고 있다. 일본은 외국인을 차별한다는 생각을 줄곧 하고 있었지만, 현재 회사는 처음으로 외국인을 채용했음에도 불구하고 나를 관리직 후보로 뽑았다. 이 일로 모든 회사가 다 외국인을 차별하지는 않는다는 사실을 깨닫게 되었다.

항상 준비하고 열심히 한다면 외국인이라는 핸디캡이 있다 하더라도 분명 취업할 곳은 있을뿐더러 다른 일본인보다 어쩌면 더 많은 기회가 주어질 수도 있다는 사실을 믿게 되었다. 사실 현재 회사에 스무 명쯤 되는 일본 여직원이 있지만 승진할 기회가 주어진 건 나 한 명뿐이다. 이 기회를 놓치지 않기 위해서는 회사에서 정해놓은 수많은 자격증을 다른 남자직원 이상으로 취득해야 한다. 부담감이 크긴 하지만 내가 살아갈 장소는 이곳이라 믿기에 최선을 다해 보려 한다. 나의 일본에서의 도전은 이제 시작일지도 모른다.

일본 회사

상륙작전

류일현

안녕, 한국

7년 전, 일본 여자와 결혼했다. 국제결혼을 할 때 먼저 생각해야 할 것 중 하나는 '어디에서 살 것인가?'이다. 난 한국인이고 사랑하는 가족, 친구들이 있는 한국에서 살고 싶었다. 그녀도 똑같은 생각을 했고 절충안을 찾아야 했다. 그래서 생각한 것이 사기결혼. 나중에 평생 일본에서 살 테니 먼저 한국에서 5년만 살자고 했다. 선녀와 나무꾼 얘기처럼 '결혼해서 아기 낳고 살다 보면 그냥 쭉 한국에서 살게 되겠지…'라는 검은 계획을 세우고 그렇게 한국에서의 신혼 생활은 시작되었다.

하지만 선진국에서 오신 그녀의 한국 생활은 만족스럽지 않았다. 버스는 자리에 앉기도 전에 출발해, 택시는 목숨을 내놓고 달려, 화장실은 그녀의 청결 기준 발끝에도 못 미치는 곳이 대부분이었다. 어느 날 황사로 뿌연 하늘을 바라보며 답답하다고 눈물을 흘리는 그녀를 봤을 때, 난 일본에 가자고 마음을 먹었다. 결혼한 지 1년쯤 되었을 무렵이다.

나란 인간은 일단 결정하면 뒤도 안 돌아보는 장점 겸 단점이 있다. 바로 '일본취업'으로 검색해서 일본어와 IT 기술을 동시에 가르쳐 주는 10개월 과정에 등록했다. 국비지원으로 수업료도 저렴하고 현지 취업까지 알선해 주는 학원이었다. 부모님과 동생 내외에게는 일본에서 살겠다고 선언했고, 아내는 내가 공부하는 동안의 생계를 위해 일본으로 돌아갔다. 나는 회사를 그만두고 다시 학생이 되었다. 이 모든 일이 한 달 만에 이루어졌다.

지금 생각하면 참 무모했다. 경영 전공자였고 나이는 서른한 살. 윈도우 한 번 밀어본 경험이 없었을 만큼 컴퓨터랑은 친하지도 않았다. 일본어는 히라가나도 못 쓸 정도였다. (하긴, 가타카나는 아직도 잘 못 쓴다) 근데, 뭐? 10개월 만에 프로그래머가 되어 일본말을 쓰며 일본에서 일하시겠다고?

그래도 위기의식은 있어서 매일 8시간의 수업은 거의 빠지지 않고 들었고 숙제도 꼬박꼬박 했다. 뜻밖에도 새로운 공부는 무척 즐겁고 재미있었다. 거의 20년을 공부하고도 지지부진

했던 영어보다 일본어는 훨씬 쉽게 느껴졌으며 실제로 1년 반 만에 일본어 능력 시험(JLPT) 1급도 딸 수 있었다. 가장 도움이 되었던 것은 공부 핑계로 보기 시작한 일본 드라마였다. 좋아하는 여배우가 생기면 그 배우가 나온 드라마, 버라이어티까지 다 찾아서 봤다. 매일 밤 네다섯 시간씩 보다가 잠들었다. 또 프로그래밍은 무엇이든 만드는 것을 좋아하고 스도쿠 같은 퍼즐 게임을 좋아하는 내 성향에 잘 맞았다. 어렵지만 흥미롭게 공부할 수 있었다.

눈 깜짝할 사이에 10개월이 지나고 일본으로 떠나는 날이 되었다. 취업이 결정되지 않았지만, 현지에서 구하는 편이 더 가능성 있으리라 판단했다. 공항 가는 길, 부모님이 친척들에게 인사하라고 전화를 넘겨주셨다. 어렸을 때부터 부모님만큼 나를 사랑해 주셨던 큰이모 목소리를 듣는 순간 눈물이 솟구쳤다. 꾹 참았다. 나보다 더 마음 아프실 부모님 앞에서 눈물을 보이고 싶지는 않았다.

혼자 비행기에 올라 '너를 믿는다. 행복해라'는 아버지의 편지를 읽었다. 고맙고 미안한 만큼 새로운 곳에서 열심히, 그리고 행복하게 잘 살겠다고 다짐했다. '잘 있어, 한국! 나도 파이팅!'

취직, 그리고 전직

5년 전, 처음 일본에 왔을 때가 떠오른다. 특유의 도쿄 냄새, 낡아 보이는 전철, 히라가나, 가타카나, 한자로 쓰인 낯선 간판들, 눈썹이 뾰족한 남자, 마스크를 쓴 사람들, 스키니 양복을 입은 회사원과 큼직한 교복을 입은 학생들의 어색한 컬래버레이션, 그리고 그 풍경 한편에 어서 취직해야 한다는 초조함에 휩싸인 나의 모습이 있었다.

달랑 10개월이지만 나름으로 열심히 준비했다고 생각한 일본 취업이었다. 하지만 현실은 녹록지 않았다. 워낙 해외(한국)에서의 경력은 쳐주지 않는 데다가 나의 경력은 제약 영업, 기획 등 프로그래밍과 전혀 관계없는 직종이었다. 일본어가 거의 통하지 않는 서른한 살의 신입 프로그래머를 받아줄 너그러운 회사는 없어 보였다. 그래서 아직 일본 회사에 취직하기는 어렵다고 판단, 일본에 진출해 있는 한국계 회사를 알아보았다.

여러 취업 사이트, 카페는 물론 무역협회에 등록된 한국계 회사 리스트를 보고 하나하나 이력서를 넣었다. 처음에는 서류 통과도 되지 않았지만, JLPT 1급을 취득한 이후로 조금씩 면접 볼 기회도 생겼다. 결국, 3개월간의 '시험 채용 기간'을 조건으로 취업이 결정되었다. 시험 채용 기간은 일본에서 꽤 일반화되어 있는 형태의 취업조건이다. 일본에 온 지 5개월 만의 일이었다.

입사한 회사는 열다섯 명 정도 규모의 작은 벤처 회사였고 월급도 적었다. 일은 많아서 매일 같이 막차를 타고 집에 돌아왔다. 그래도 일본인 네 명이 같이 근무하고 있어서 일본에서 회사 생활을 시작하기에는 좋은 환경이라고 생각했다. 여기서 열심히 일본어도 더 익히고 프로그래밍 경력도 쌓아 나중에는 일본 회사에 들어가겠다는 목표를 세웠다.

그런 괘씸한 목표 때문이었을까? 입사한 지 1년 만에 회사 경영이 어려워져 개발팀의 한국 철수가 결정되었다. 한국에 가지 않겠느냐는 형식적인 권유를 받았지만, 일본에서 살기로 한 내게 남은 선택지는 전직밖에 없었다.

일본의 전직 시장은 마치 프로 스포츠선수처럼 에이전트를 통하는 경우가 대부분이다. 취직이 결정되면 기업에서 소개비를 에이전트에게 내게 된다. 연봉의 10%에서 많게는 20% 선이다. 이 시스템에 익숙하지 않은 구직자들은 자신의 연봉을 손해 본다고 생각하는 경우가 많다. 하지만 틀린 생각이다. 대부분의 일본 기업은 사내에 인사담당자를 두고 직원을 채용하기보다는 에이전트에게 맡기는 것이 더 저렴하고 합리적이라는 인식을 가지고 있었다. 사회적으로도 이런 생각이 잘 정착되어 있었다. 연봉은 인건비, 소개비는 채용비용. 다른 개념이다.

나의 경우 세 군데 전직 사이트에 등록해 에이전트를 세 명이나 거느리게(?) 되었다. 그리고 마침 모바일 게임 시장이 급속도로 커지고 있던 초창기라서 프로그래머 직종의 인기가 높았다. 한 달 동안 10번 정도 면접을 봤는데 다 떨어졌다. 하지만 계속해서 면접 경험을 쌓으며 점점 자신감이 생겼고 두 달 만에 드디어 일본 모바일 게임회사에 취업이 결정되었다. 뛸 듯이 기뻤고 날아갈 듯 안심했다. 이제야 일본이라는 사회가 나를 받아주기 시작한 것 같았다. 모험을 떠나는 듯한 기분도 들었다. '일본인 120명에 한국인 나 혼자라….' 어떤 회사 생활이 될까 매일 밤 설레기도 하고 걱정도 하면서 잠들었던 기억이 난다.

뜨거웠던 일본 모바일 게임회사

조용하고 소극적일 것이라는 내 편견과 달리 일본에는 뜨겁고 적극적인 사람들이 많았다. 여름에 여기저기서 열리는 마쓰리まつり(축제)를 경험한다면 이 사람들이 얼마나 시끌벅적

한 사람들인지 알 수 있다. '만약 내가 그런 행사를 치른다면' 이라는 상상만으로 피곤해 쓰러질 것 같은데 도대체 어디서 그런 에너지가 나오는지 놀라울 따름이다.

전직한 회사의 젊은 사장님(당시 29살)은 그런 에너지를 가진 일본인의 대표격인 사람이었다. 아침마다 전 사원들 앞에서 확성기로 목이 쉴 정도로 목표에 대해, 성과에 관해 이야기했다. 사원들도 의욕이 넘쳐나는 분위기였다. 나도 채용해줬다는 감사의 마음과 그 뜨거운 울림에 이끌려 열심히 일했다.

처음 몇 개월은 좌절의 연속이었다. 기본적으로 업무의 통신 수단으로 채팅 프로그램을 사용했는데 내용이 이해가 잘 안 가는 경우가 허다했다. 또한, 그룹별, 일의 단위별 채팅방이 별도로 만들어져 있어서 내가 속해있는 채팅방만 무려 2~30개가 넘었다. 여기저기서 방방 날아오는 메시지들을 읽고 해석하는 것만으로도 벅찼다. 타자도 느려서 답변, 발언하는 데 상당한 시간이 걸렸다. 게다가 10개월의 단기속성으로 프로그래밍을 배운 나는 기본이 부족해 기술적인 부분에서도 많은 어려움을 겪었다.

입사한 지 6개월 정도 지났을 때였다. 담당 이벤트의 릴리스(시스템 오픈) 시간을 맞추기 위해 40시간을 잠도 못 자고 일했다. 불안하게 릴리스를 했지만 아니나 다를까, 여기저기서 장애가 발생했다. 이벤트는 바로 중단되었다. 손실이 이만저만이 아니었다. 비상계단에 가서 눈물을 훔쳤다. 한국으로 도망가고 싶다는 생각마저 들었다. 이틀 뒤 다시 이벤트를 하기 위해 나를 포함한 다른 몇몇 팀원들은 집에도 가지 못하고 일에 전념했다. 하지만 모두 싫은 내색 하나 하지 않았다. 오히려 그동안 잘 도와주지 못한 자신들이 잘못이라며 두 팔을 걷어붙였다. 그때 처음으로 '이 사람들이 나를 동료로 생각해 주는구나!'라고 느꼈다. 그 일 이후, 회사에 다니는 것이 조금씩 더 즐거워졌다. 잘 모르는 것이 있으면 편하게 물어보게 되었고 동료들끼리 가벼운 농담을 하는 일도 많아졌다. 혼자 한국인이라는 생각에 벽을 쌓은 것은 내 쪽이었던 것 같다.

그렇게 일은 고되었지만 즐거웠다. 그리고 보람도 있었다. 우리 팀이 만든 게임이 일본 아이튠즈 매출 순위 4위까지 올랐다. 매일 쉬는 시간에도 팀원들과 매출 순위를 확인하고 다른 게임과의 차이점이나 배울 점 등에 대해 열띤 토론을 했다. 스마트폰이 온 세상의 패러다임을 바꾸고 있던 시기에 그 중심에 있었다는 생각을 하면 지금도 마음이 들뜬다. 회사는 성과에 대한 보상도 철저히 해 주었다. 목표 매출 달성과 매출 증가에 대해 인센티브도 나왔고, 6개월에 한 번씩 개인 평가를 통해 연봉 인상도 해 주었다. 외국인인 내가 회사에 폐가 되지

않도록 안간힘을 쓰고 있다는 것이 전해졌던 것일까? 일본말
이 서툴고 프로그래밍 실력도 없어서 평가가 박할 줄 알았지
만, 항상 후한 점수를 받았다.

딸 바보, 무역회사로 가다

결혼한 지 5년 만에 드디어 첫아이가 태어났다. 핏덩이 딸을
처음 안았을 때의 그 신비한 느낌이란! 그 조그만 사람은 놀
라울 정도로 가벼웠고 생명을 맡은 책임감은 무겁게 느껴졌
다. 다니던 게임회사에 만족하고 있었지만, 아이를 키우기 시
작하면서 근무시간이 마음에 걸렸다. 사내에 잔업을 지양하는
움직임은 있었다. 그래도 평균 9시쯤 퇴근해서 집에 오면 10
시였다. 다시 전직을 놓고 고민이 시작되었다.

그러던 중 기회는 우연히 찾아왔다. 몇몇 동료들과 점심을 먹
고 있을 때 한 사람이 전직이 결정되었다고 얘기한 것이다. 사
무실로 돌아가는 길에 전직하는 회사에 대해 자세히 물어봤
다. 그리고 나도 전직을 생각 중이라고 했다. 그랬더니 마침
한국 관련 프로젝트가 있다면서 추천서를 써주었다. 그렇게
나는 낙하산(?)을 타고 현재 회사에 안착하게 되었다.

지금 다니는 회사는 무역회사다. 파키스탄 사람인 사장님을

비롯해 나보다 일본말이 서툰 외국 직원들이 많이 있다. 여기선 외국인 노동자라는 자체가 장점으로 여겨진다. 또한, 여러 나라의 정보를 얻을 수 있어 새로운 비즈니스 기회와 만날 가능성도 크게 열려있다. 9~5시의 근무시간은 덤이다. 업무도 많지 않아 평소에도 시간에 쫓기지 않게 일할 수 있고 딸아이의 보육원에 시간 맞춰 마중을 갈 수도 있다. 5시에 칼퇴근해서 아직 밝은 하늘을 바라보며 나를 보고 활짝 웃어줄 두 살배기 딸을 마중 가는 기분이란!

에필로그

일본에 온 지도 어느덧 만 5년이 지나고 회사의 근무여건도 안정되면서 많이 전진한 기분이 든다. 마치 어린아이가 놀이공원에서 처음 범퍼카를 탄 것만 같았던 나의 좌충우돌 '일본 회사 상륙작전'은 나름 성공적으로 마무리된 것 같다.

사랑하는 부모님과 동생 가족, 친척들 그리고, 정든 친구들, 자주 먹던 음식, 익숙한 거리…. 한국에 대한 그리움은 지금도 여전하다. 하지만 내가 있는 이곳 일본에는 항상 내 곁을 지켜주는 사랑스러운 나의 아내와 딸이 있다.

오늘, 무심코 올려다본 하늘이 무척이나 맑다.

나와 일본의
운명적
만남

이장호

일본과의 우연한 만남

고3 때 우연히 친구의 추천으로 보게 된 일본 드라마
〈IWGP〉. 이 드라마를 통해 처음으로 일본을 접했고 한국과
비슷하면서 또 다른 일본의 매력에 흠뻑 빠지게 되었다. 이 일
을 계기로 일본 여행을 계획, 2008년에 오사카로 여행을 떠났
다. 여행 중 피로를 풀러 들어간 작은 이자카야(일본식 선술
집), 그곳에서 뜻하지 않게 소중한 인연이 시작되었다.

일본의 작은 이자카야는 대부분 바가 있어서 혼자 간 사람도
부담 없이 술을 마실 수 있다. 우연히 발길 닿는 대로 들어간
이자카야 '미에보우'. 이자카야 여주인은 한국 사람이 혼자 왔

다며 신기해했다. 처음엔 조금 거리를 두더니 한국 이야기에 점점 분위기가 무르익어 갔다. 이자카야 여주인의 이름은 미에.

미에 상은 한국 배우에 관심이 많고 한국 여행도 두 번 정도 다녀왔다고 했다. 한국을 매개체로 이런저런 이야기를 나누며 그녀와 친해졌다. 만난 첫날에 가족 소개까지 받았다. 무뚝뚝해 보이는 남편 타 상, 화장을 진하게 한 첫째 딸 토모요, 초등학생인 둘째 딸 가호, 고등학생인 첫째 아들 타츠야, 그리고 70이 넘는 미에 상의 할머니, 이렇게 여섯 명으로 일본에서도 드물게 3대가 같이 살고 있었다. 우연히 들어간 이자카야에서의 인연으로 그날 이후 교류가 계속 이어졌다. 미에 상 가족과 함께 일본의 마을축제에 참가한 적도 있다. 드라마 속에서만 보던 금붕어 잡기, 파친코 게임(구슬을 굴려서 상품을 타는 게임), 야타이(포장마차)에서 야키소바 먹기 등 너무나도 즐거운 시간을 보냈다. 그 순간 마치 내가 일본 드라마의 주인공이 된 듯한 기분이었다.

외국에서 왔다는 이유로 주변 일본 사람들은 굉장히 신기해했고 어떻게 미에 상 가족과 친해졌는지 궁금해하기도 했다. 문득 한국에서는 내가 이렇게 관심을 받는 적이 없었다는 생각이 들었다. 한국에서 누군가가 나에게 이런 관심을 가져줬

던가? 그곳에서만큼은 동방신기가 부럽지 않았다. 이런 일들을 계기로 일본이 더 좋아지고 호기심도 생겼다. 이 사람들과 같이 생활하며 일본에 대해 더 알고 싶다는 욕심도 생겼다. 나는 대학교를 졸업하고 꼭 일본에서 생활해 보리라 마음먹었다.

일본에서 일자리 구하기

일본으로 떠날 당시 한국에서 3개월 동안 인턴으로 일하며 번 돈 200만 원이 나의 전 재산이었다. 엔화로 환전하니 17만 엔이었다. 일본에서의 숙소도 큰 문제였다. 다행히 오사카에서 한 시간 정도 떨어진 미에 상 집에서 아르바이트하며 당분간 지내기로 했다. 일본인 가족과 일본에서의 첫 생활을 함께하게 된 것이다. 미에 상의 아들 타츠야와 한방을 썼다. 다다미로 된 방은 푹신하지도 않고 한국처럼 포근한 맛이 없어 잠이 잘 오질 않았다. 그래도 같이 살게 해 주고 아들과 같은 방까지 쓰게 해 준 깊은 배려에 불편한 기색을 표시할 수는 없었다.

워킹홀리데이로 간 일본은 여행을 왔을 때와는 전혀 다른 세계였다. 앞으로 일본에서 펼쳐질 새로운 인생에 대한 막연한 두려움도 생겼다. 하지만 인생의 또 다른 도전이기도 했다. 가장 먼저 일을 구해야 했다. 워킹홀리데이로 간 사람들이 많이 찾는 구직중계회사인 '할로워크'에 직접 찾아가서 외국인 구직 등록을 하고 외국인도 할 수 있는 일을 찾았다. 하지만 대부분의 일은 한국인이 지원할 수 없는 경리, 건축 같은 전문 직종이었다. 일본에서 일한 경력도 없고 일본어도 어눌한 내게 일본에서의 취업 장벽은 너무도 높아만 보였다.

그렇다고 당장 IT나 특별한 일을 배울 수 있는 처지도 아니어서 정사원이나 계약직보다는 차선책으로 아르바이트를 구하기로 했다. 마트에 가면 아르바이트 구인광고 잡지를 쉽게 구할 수가 있었다. 아르바이트 구직은 특별히 이력서를 넣지 않고 전화로 간단하게 응모할 수 있었다. 그래도 한국에서 아르바이트로 여기저기서 인정도 많이 받았으니 쉽게 일자리를 구할 수 있으리란 근거 없는 자신감이 있었다. 이자카야, 캐셔, 놀이동산 등 여러 곳의 면접을 봤지만, 한국인이라는 장벽 때문인지, 1년밖에 체류하지 못하는 워킹홀리데이 신분 때문인지 여기저기서 낙방만 거듭했다.

세 번째로 알아본 곳은 외국인 전용 채용란이 있는 바이토루(baitoru.com)라는 사이트였다. 열심히 정보를 찾아보니 지원할 수 있는 곳이 몇 군데 있었다. 소프트뱅크나 도코모 등

통신회사들도 몇 개 보이고 마사지사를 구하는 구인도 보였다. 시급은 800엔에서 1,500엔대까지 다양해서 당시 환율로 시간당 최저 1만 원 이상이었다. 그중에서 내가 할 수 있는 일을 간추려보면 통신사 일은 일본어 실력 부족으로 어려울 듯했고 호텔이나 놀이동산 그리고 마트 캐셔 등 단순한 업무는 가능할 것 같았다.

당장은 하고 싶은 일보다는 할 수 있는 일에 맞춰서 가리지 않고 지원서를 다 넣어보기로 했다. 이력서만 50통쯤 넣었을까? 일본은 거절당하면 이력서가 반송됐다. 집으로 반송되는 이력서는 나날이 넘쳐났다. 가끔 인터넷 사이트에 올려놓은 이력서를 보고 전화 연락이 오기도 했지만, 너무 긴장한 탓에 어리바리하다 보면 상대방이 "와까리마시따(알겠습니다)" 하면서 전화를 끊고 면접이 종료되었다.

스스로 잘한다고 생각했던 일본어는 일자리를 구하면서 자꾸 자신감이 없어졌다. 한국에 다시 돌아가야 하나 아니면 한국인 일자리가 많은 도쿄라도 가야 할까 잠시 고민에 빠졌다. 하지만 도쿄로 가고 싶어도 그 당시 수중에 3만 엔(약 40만 원)밖에 없었다. 오사카에서 도쿄로 갈 차비와 호텔비로 쓰면 남는 것이 없는 적은 금액이었다. 도쿄에 갈 수도 없었고 한국 집에 손을 벌릴 수도 없었다. 즐거운 일본 생활을 기대하고 왔건만 취직은커녕 하루하루 시들어 가는 내 모습이 비참하고 초라했다.

그나마 2009년 여름 일본에서 유행한 신종플루 덕분에(?) 사람이 급하게 필요했던 청소회사에서 3일만 일해 달라는 요청이 와서 신종플루가 유행했던 초등학교 청소 일을 할 수 있었다. 이때 청소일을 하고 2만 엔(26만 원)을 벌었다. 이 일로 조금이나마 더 버틸 수 있는 돈을 구하게 되었다. 미에 상의 가게에서 소개받았던 사장님들은 취업자리가 없으면 내 비서로라도 취직시켜주겠다고 말하곤 했지만 다 빈말이었다. 이 일을 계기로 일본어의 오세지ぉせじ(빈말)에 대해 매우 크게 깨닫게 되었다. 일본 사람들의 말을 함부로 믿지 않는 계기가 되면서 이후 일본 생활에 정말 큰 도움이 되었다.

시간이 갈수록 뭐든 해낼 수 있다는 자신감은 떨어지고 취업이 자꾸 좌절되면서 이제는 정말 한국으로 돌아가야 하는가 생각하던 때, 한 통의 전화를 받게 되었다. 처음엔 간단한 영어로 대화를 이어나갔다. 간단한 영어테스트가 끝난 후 좀 나이 드신 분이 일본어로 여러 가지를 물어보았다. 지원하게 된 계기와 어떻게 일본까지 오게 되었는지 물어봤고 준비한 대로 천천히 대답하고 싶었지만, 너무 절박한 나머지 모든 질문에 "난데모 야리마스!(무슨 일이라도 열심히 하겠습니다)"라고 외쳤다. 이 한 마디 한 마디가 절박해 보였나 보다. 다음 날 2시에 바로 면접을 보러 오라고 했다. 이 면접이 어쩌면 일본에서의 마지막 면접이 될 수도 있겠다는 생각에 마음이 무거워졌다.

면접 장소는 고베에 위치한 '아리마 온천'이었다. '다케토리테이마루야마'라는 롯코산 꼭대기에 있는 료칸りょかん(일본전통여관)이었다. 처음엔 호텔로만 생각했는데 료칸이라니. 다음 날 료칸에 도착하자마자 50대로 보이는 남자 사장님이 면접을 봤다. 인상이 굉장히 딱딱해 보이고 전형적인 일본인 느낌이었다. 내가 한국인이라는 말에 처음부터 벽을 두고 있는 듯 보였다. 일본 문화도 제대로 이해 못 하는 외국인이 일을 잘하기는 어렵다며 단호하게 집에 돌아가라고 말했다. 그래도 산 정상까지 올라왔는데….

절망적인 심정으로 일어나려는 찰나, 료칸의 안주인인 오카미상이 찬물을 들고 나왔다. 그러면서 상냥하게 몇 가지를 질문했다. 일본에 오게 된 계기와 왜 여기서 일하고 싶은지 간단하게 물어보더니 갑자기 화제를 바꿔 자기가 권상우 팬이라고 말했다. 지금 생각해 보면 오카미상이 정말 권상우를 좋아했다기보다는 나를 편하게 해 주려고 배려해 주신 것 같다. 가느다란 희망의 빛줄기가 보이기 시작했다. 만난 적도 없는 권상우를 예전에 드라마 찍을 때 한 번 실물로 봤는데 엄청나게 잘 생겼다고 칭찬했다. 흥미 있고 편안한 이야기가 오고 가자 오카미상이 남편인 사장님에게 '그래도 한 번 일을 시켜보는 게 좋을 거 같다'고 넌지시 말했다. 결국, 그 다음 날부터 출근하게 되었다.

일본에서 취직할 길이 보이지 않아 너무 힘들었는데 그때까지의 고생을 한 번에 다 보상받는 느낌이었다. 그동안의 고생이 허무하게까지 느껴졌지만, 한편으로는 너무 안심되었다. 미에 상과 미에 상의 가족들 모두 기쁨의 눈물을 흘리며 축하해 주었다. 고맙다는 인사와 함께 다음 날 바로 료칸 기숙사로 들어가게 되었다. 정말 생각지도 못하게 배우 권상우가 이렇게 내 인생에 큰 도움이 되었다니! 언젠간 나도 일본에서 일하고 싶어 하는 사람들에게 도움이 되리라 굳게 다짐했다.

일본 료칸에서 일하기

료칸 기숙사에 도착해 짐을 푸니 오후 2시 30분. 바로 출근하라고 연락이 왔다. 료칸 유니폼인 녹색 사무에를 입고 서둘러 갔다. 일본에서의 첫 직장인만큼 열심히 해야겠다는 생각뿐이었다.

처음에 내가 한 일은 고객이 료칸에 도착하면 마실 차를 내는 일이었다. 고객이 로비에 앉으면 오시보리(물수건)와 우메차(매실차)를 무릎을 꿇고 내드리는 일이었다. 료칸 고객이 로비로 들어왔는데 "이랏샤이마세!(어서 오세요!)"를 라면집 종업원처럼 우렁차게 외쳤다. 나중에 아베 선배가 조용히 구석으로 불렀다. 여기가 무슨 시장인 줄 아느냐고 무척 혼났다. 기품을 중요시하는 료칸에서 그렇게 인사했으니 지금 생각해 보면 혼날 만도 했다. 그렇게 차를 딱 한 번 내보고 레스토랑으로 쫓겨났다.

다음에 맡은 업무는 '료리다시'라고 하여 손님상에 요리를 내는 업무였다. 이 업무는 오키나와에서 온 모토무라라는 스무 살 청년이 담당하고 있었다. 오키나와 출신이라서 그런지 키는 작았지만, 그의 프로페셔널한 모습은 실로 대단했다. 나이는 어리지만, 책임감이 강하고 고객 서비스는 거의 완벽에 가까웠다. 받는 사람이 불편할 정도의 친절함을 베풀었다. 그런 친구 앞에서 하품 한 번 했다가 손님한테 실례되는 모습을 보이지 말라고 엄청나게 혼나기도 했다.

프로정신으로 가득한 일본 사람들 사이에서 고객을 대하는 예절과 친절함을 자연스럽게 배웠다. 덕분에 나도 성장해 나가는 하루하루를 보내게 되었다. 처음에 한국 사람은 잘할 수 없을 것으로 생각했던 직원들도 내가 보여준 한국 사람 특유의 성실함에 마음의 문을 조금씩 열었다. 매일 아침 20년간 하루도 빠지지 않고 방아 찧기(사장님이 26년간 매일 아침 하루도 빠지지 않고 떡을 찧어 숙박 고객님들께 나눠드리는 특별한 이벤트로 하루를 힘차게 연다는 의미였다)를 하는 사장님, 그리고 일에 깊이 관여하지 않고 직원들에게 맡겨 책임감을 느끼게 하는 오카미상. 그 밑에서 나 역시 하루하루 성장해 나갔다.

내 경험에 비추어 볼 때 한국인 직원은 못해도 티가 나고 잘해도 티가 나는 편이었다. 일본에서는 해야 할 일을 남에게 미루지 않고 먼저 나서서 해결하는 등 매사에 솔선수범하면 남들보다 더 빨리 인정받을 수 있다. 바둑으로 치면 검은 돌들 사이에서 검은 돌은 티가 안 나지만 흰 돌은 티가 나는 것처럼 행동 하나하나가 외국인이라는 이유로 유난히 돌출되기 때문에 항상 긴장하고 신경 쓰면서 일할 수밖에 없었다. 그 결과 4개월 만에 780엔에서 시작했던 시급은 1,200엔까지 올랐다. 그리고 오카미상이 "이 군(일본에서의 내 이름)은 영업도 잘할 수 있을 거 같은데, 한국 사람들을 불러 모으는 일을 담당하면 어때?"라고 권해 주셨다.

그렇게 료칸 영업일을 시작하게 되었다. 내 일은 한국의 고객을 대상으로 료칸을 소개하고 계약을 하는 마케팅 업무였다. 왠지 세상에서 오직 나만이 할 수 있는 일 같았다. 여행사에 료칸을 알리고 네이버에 블로그와 카페를 개설해서 적극적으로 료칸을 홍보하고 직접 예약을 받기도 했다. 료칸을 다녀간 분들이 다시 좋은 피드백을 남겨주고 료칸의 직원들도 한국인이 자주 찾아오는 것에 신기해하며 더욱 친절하게 한국 손님에게 응대했다. 한국 고객은 일본에서 일하는 내게 가장 큰 힘이 되었다.

예약하고 싶다고 폭주하는 메일과 쪽지들, 그렇게 나는 료칸에서 없어서는 안 될 직원으로 성장하여 내 의사와는 상관없이 취업비자까지 받게 되었다. 그러면서 자연스럽게 정사원이 되었고 다케토리테이 료칸의 가족 같은 일원이 되었다. 2년간 정말 행복하게 일했다. 이렇게 가다간 금방 부자가 될 수 있을 것만 같았다. 하지만 인생은 항상 달콤하고 쉽게 잘 풀리지만은 않는다. 2011년 3월 11일 14시 46분, 체크인에 한창 정신없을 때 영화에서나 일어날 법한 일이 일본에서 일어났다.

내가 있던 곳은 지진이 일어난 곳인 센다이에서 거리상으로는 꽤 멀다. 하지만 방사능 뉴스가 한국까지 퍼지면서 견고하게 쌓아놓은 모래탑이 한순간에 무너지듯 료칸 예약취소가 끊임없이 이어졌다. 이때 한국으로 돌아간 유학생이나 직장

한 번쯤 일본에서 살아본다면

인도 많다. 나도 처음엔 한국 고객이 있어서 내가 여기 있다는 마음이었다. 한국 고객이 없는데 여기 이렇게 있으며 돈을 받아도 되나 싶고 혼자서 초조하고 불안했다. 이런 나에게 사장님은 "아들들이 이렇게 열심히 해 주는데 우리 료칸이 망할리가 없지!"라며 국적을 넘어 나보고도 아들이라고 말해 주셨다. 일본에서 오히려 이런 끈끈한 정을 느낄 줄이야!

그때까지 한국 고객에 집중했다면 그 일을 계기로 국적을 넘어 모든 고객에게 최선을 다하기로 마음먹었다. 이런 일련의 일들로 나는 많은 내적 성장의 기회를 가질 수 있었다. 모든 고객에게 정성을 다하고 자연스럽게 기다린 결과 한국 고객도 다시 하나둘씩 회복이 되었다. 그러다 어느 순간, 료칸을 그만둘 시기가 되었음을 직감적으로 느꼈다. 내가 느꼈던 성장과 행복을 이젠 다른 사람들에게도 나누어주고 싶었다. 내가 료칸을 그만두고 그 이후 거쳐 간 한국 직원만 10명. 료칸경력을 시작으로 다들 일본에서 취업했거나 한국으로 돌아와 일본계 기업에 취직하여 잘 지내고 있다. 그리고 지금 나는 일본료칸전문 여행사인 '료칸플래너'라는 1인 기업을 설립하여 지금은 하늘에 계신 오카미상의 서비스 정신을 본받아 열심히 회사를 운영 중이다. 이렇게 일본과의 인연이 지금까지 멋지게 이어져 오고 있다.

에필로그

취업에 고민하는 친구들, 토익 공부에 집중하는 친구들에게 인생은 항상 똑같은 길로 가야 정답은 아니라고 말해 주고 싶다. 남들과 다른 길로 갈수록 오히려 경쟁자도 줄어들고 희소성도 높아진다는 것을 꼭 알려주고 싶다. 나도 우연한 기회에 일본과 인연을 맺었지만, 지금은 그 인연 덕분에 나만의 꿈을 활짝 펼치고 있다. 일본은 젊음에게 하나의 큰 기회가 될 수 있다는 말을 남기며 글을 마칠까 한다.

아이키도合気道와
일본 유학

유정래

내가 일본 유학 15년 6개월을 포함한 일본 생활을 17년째 하면서 얻은 것 중 제일은 아이키도와의 만남일 것이다. 그 이유로는 세 가지가 있는데 첫 번째는 아이키도를 해서 대학에도 합격했고 대학원도 다녀보았다고 생각하기 때문이다. 나는 중학교 졸업 후 일찍 사회생활을 하며 21년간이나 피운 담배를 아이키도를 하면서 끊었다. 아이키도 덕분에 열심히 운동하게 되었고 공부도 열심히 해서 어렵다는 국립 도쿄외국어대학東京外国語大学에 10대 1의 경쟁률을 뚫고 합격했다. 당시 외국인 유학생 정원이 서른 명이었는데 내 수험번호가 208번이었다. 늦깎이 아저씨 유학생인 내가 합격한 것은 지금도 기적이라고 생각한다.

두 번째는 아이키도를 하면서 정기도整気道를 고안하게 되어 건강을 되찾았다. 정기도란 간단하게 말해 정체整体(일본에서는 '정체'라는 말을 많이 쓰는데 카이로프랙틱chiropractic medicine의 일본말이라고 보면 비슷하다. 즉 틀어진 몸을 교정하여 통증을 없애는 기술이다)와 아이키合気의 합성어이다. 물론 내가 만든 신조어新造語이다. 대부분의 무도武道는 상대의 공격으로부터 자신을 보호하거나 상대를 쓰러트리는 데 목적이 있다. 틀어진 몸을 맞춰 아픔이나 병을 제거하는 무도는 기존에 없었다. 정기도를 통해 나는 무술도 수련하고 지병인 좌골신경통과 고혈압, 당뇨병도 많이 개선했다.

세 번째는 현대 일본을 세운 근간이기도 한 무사도정신武士道精神과 한·일 관념의 벽을 아이키도를 통해서 어느 정도 체험했다. 일본의 메이지유신明治維新을 성공시켜 근대화를 이룩한 주역은 사무라이侍(무사)들이다. 그리고 이들의 후손이 지금도 일본의 정치, 경제, 사회, 문화 등 각 분야의 주역으로 자리 잡고 있다. 즉 일본은 아직도 '무사의 나라'인 것이다. 나는 아이키도를 통해 사무라이의 후손인 일본인과 마찰을 많이 겪었다. 이제부터 그런 이야기들을 하면서 일본에서의 삶을 한 번 되돌아보려고 한다. 그리고 그 가운데 무엇을 얻었는지 앞으로는 어떻게 해야 할지 생각해 보고자 한다.

아이키도 수련기

아이키도는 일본의 전통 유술柔術을 현대화시킨 무도武道이다. 무도라는 말은 근대에 와서 생겼는데 그전에는 유술이라고 불렀다. 일본은 수백 년간 무사가 통치를 해오고 에도江戸시대 이전에는 내전을 계속했다. 그래서 지방별로 독자적인 무술이 발달했다. 아이키도는 아이즈한会津藩, 지금의 후쿠시마현福島県의 전통유술이었는데 우에시바 모리헤이植芝盛平가 다른 몇 개의 유술을 가미해 아이키도를 창시했다.

내가 아이키도를 수련하게 된 데는 일본어 회화를 하고 싶다는 열망과 일자리가 없다는 이유가 있었다. 30대 중반에 늦깎이 유학을 하게 된 나는 일본에 와서 2개월이 넘도록 아르바이트를 못 구하고 있었다. 대부분의 면접을 본 곳에서 나이가 많아 부리기 어렵다고 써주지 않는 것이었다. 그래서 일본어나 일본사, 영어 등 대학입시 공부만 하고 있었는데 이게 나중에 전화위복이 되었다. 내가 살던 숙소는 한국 학생들만 있는 기숙사다 보니 일본어 회화를 할 상대가 없었다. 이런 이야기를 일본인 친구에게 하자 아이키도 도장을 소개해 준 것이다. 나는 일본의 무술에 대해 전부터 관심이 있던 터라 열심히 도장에 다녔다. 처음 다닌 고토구江東区 히가시스나東砂에 있는 도장은 월, 수, 금요일에 점심때 1번, 저녁때 2번 게이코稽古(수련)가 있었다. 일본어학교 수업은 오전 중에만 있어 나는 거의 다 참가했다. 그러자 몇 달 후 도장장道場長(관장)님께서 심사를 보라고 했다. 그것도 4급 심사였다. 아이키도는 성인은 5급부터 심사가 있는데 1급을 건너뛴 것이다. 엄청난 시간과 경비의 절약이다. 그 뒤로도 나는 할 일이 없었으므로 도장에 열심히 다녔다. 그래서 2급 심사도 건너뛰었다. 아이키도는 6단 이상이어야 사범으로서 심사할 수 있는 권한이 있다. 참고로 6단을 따려면 직업으로 하면 20년, 취미로 하면 주 2, 3일 운동을 해도 30년 이상 걸린다. 도장장님이 열심히 다니는 나를 좋게 보고 2번이나 월급越級 심사를 받게 해 주신 것이다.

게다가 도장장님은 비자 걱정을 하는 나에게 문화 비자를 발급받을 수 있도록 후원해 주시겠다고 말씀하셨다. 그리고 장래에 한국에 도장을 차리면 적극적으로 지원하겠다고 하셨다. 그러나 아르바이트가 없어 공부를 많이 한 덕에 국립 도쿄외국어대학에 합격하게 되었다. 그와 함께 이사하고 대학 아이키도부에 들어갔으므로 원래 다니던 도장을 떠나 소속을 바꾸지 않을 수 없었다. 도장장님께는 지금도 죄송하게 생각하고 있다.

대학에 입학해서는 망설임 없이 아이키도부에 들어갔다. 그리고 아들, 딸뻘 되는 학생들과 열심히 게이코를 했다. 그래서인지 전 주장의 추천으로 2학년 때 아이키도부 주장을 맡게 되었다. 무도서클(무도동아리)의 주장은 대개 3학년생이 맡는다. 4학년생은 취업활동에 바쁘므로 주장을 맡지 않는 것이 관례이다. 그렇게 주장을 맡게 되면서 정신적인 고생을 많이 했다. 외국인이 자기들 전통 무도의 주장을 맡았다고 시기와 질투가 심했기 때문이다. 이야가라세嫌がらせ(짓궂은 언행이나 방해)도 많이 받았다. 그러나 나는 굽히지 않았다. 1년 동안 내 주관을 관철해 부원도 많이 늘렸다.

3학년 말에 초단을 땄다. 아이키도 서클은 단이 짜다. 4년간 열심히 해도 초단 정도 받아 졸업한다. 같은 무도서클인 소림사권법부少林寺拳法部나 검도부劍道部, 유도부柔道部, 궁도부弓道部는 3단을 따고 졸업하는 학생이 수두룩한 것을 보면 좀 부럽다는 생각도 했다. 왜냐하면, 나는 우리나라에 돌아가 일본 무술 도장을 할 생각도 했기 때문이다. 우리나라는 관장이 초단이라고 하면 비웃고 배우려는 사람이 아무도 오지 않을 것이다. 무조건 5, 6단은 돼야 주변에서 관장으로 인정한다. 그러나 유럽이나 아프리카, 남미에서는 검은 띠의 단도 아닌 흰 띠의 3급이나 2급인 사람이 도장을 운영하는 일도 많다. 사회적 인식의 차이 같다.

학부를 마치고 대학원은 히토쓰바시대학—橋大學으로 옮겼다. 내 전공이 '무도와 내셔널리즘의 관계'였는데 히토쓰바시대학은 사회학에서는 일본 제일을 자랑하는 대학이라고 했다. 처음에는 몰랐는데 여러 곳의 대학원에 떨어지고 낙심하자 조선어과朝鮮語科의 S 교수님께서 이 대학원을 알려주시고 K 교수님을 추천해 주셨다. 그리고 일본 친구도 히토쓰바시대학 대학원만 외국인 전형이 있다는 좋은 정보를 주었다. 먼저 응시했던 도쿄대학東京大學 대학원 종합문화연구과, 도쿄외국어대학東京外国語大学 동시통역대학원, 쓰쿠바대학筑波大学 대학원 무도학연구과는 일본에서 대학을 나오면 일본인과 동일한 조건에서 시험을 치러야 했다. 모두 국립이라 일본의 내로라하는 수재들과 경쟁하니 나 같은 아저씨 유학생이 떨어지는 것은 어쩌면 당연한 결과였는지도 모른다. 그래도 내 평생 꿈이었던 도쿄대학 대학원에 응시라도 해 보아서 후회는 없다고 자위했다.

히토쓰바시대학 대학원에 입학해서 바로 아이키도부를 찾았다. 그런데 이 대학은 학부생 위주로 게이코를 했다. 대학원생은 입부를 거절하고 있었다. 할 수 없이 나는 '친선아이키도親善合気道'라는 동호회를 만들어 부원을 모아 무기술武器術은 운동장 구석 잔디밭에서, 체술体術은 체육관에서 게이코했다. 회원은 우리나라에서 온 경찰공무원인 S상, 중앙부처 공무원인 K상, 대학 후배인 고노河野 상, 우즈베키스탄인 H상 등이었는데 적극적으로 참여해 주었다.

그런데 세상 참 좁다는 말을 이럴 때 하는 것 같다. 고려대학교 어학당에서 한국어를 배우던 친구 메구미짱めぐみちゃん을 일본 무도관에서 만난 것이다. 메구미짱도 검은 띠인 것을 보니 하루 이틀 아이키도를 한 것이 아니었다. 더구나 아버지도 남동생도 열심히 도장에 다니는 아이키도 가족이었다. 아이키도를 만든 가이소開祖, 우에시바植芝盛平의 수제자이신 우라호浦帆 선생님도 소개받았다. 당시 연세가 74세였는데 17세부터 가이소에게 아이키도를 직접 배웠다고 했다. 이와마류岩間流 아이키도를 이렇게 해서 만나게 되었다.

얼마 후 나는 메구미짱이 다니는 이바라기현茨城県 쓰치우라土浦 시립 무도관을 방문했다. 일본에서는 지방에 가도 무도를 수련할 수 있는 도장이 잘 마련되어 있다, 아이키도는 유도처럼 다다미畳 위에서 게이코를 한다. 다다미 한 장을 1조畳라고 하는데 두 장이 1평이다. 시립 무도관은 대개 다다미가 150장에서 200장 정도 깔린 넓이이다.

이와마 아이키도를 체험해 보고 나는 반하고 말았다. 와자技

(기술)에 무게가 있고 실전에 가까웠다. 특히 지금 본부 도장에서는 거의 가르치지 않는 무기술을 체술과 반반의 시간을 할당해서 가르치고 있었다. 원래 아이키도는 검술에서 온 와자이므로 무기술을 같이 배우지 않으면 안 된다. 그래서 나는 무기술을 배우기 위해 5년 동안 매주 일요일마다 쓰치우라에 다녀왔다. 히토쓰바시 기숙사는 도쿄의 서쪽에 있다. 쓰치우라까지 가려면 전차를 2번 갈아타고 우에노역上野에 가서 또 죠반선常磐線을 갈아타고 도쿄의 동북쪽으로 1시간 이상 가야 한다. 그러므로 편도 3시간 30분 이상 소요된다. 그래도 나는 즐겁게 다녔다. 돈과 함께 시간과 노력을 많이 들인 것이다.

이런 나를 보고 선생님은 2단 심사를 보라고 하셨다. 그런데 그때 나는 좌골 신경통이 심해져 격한 통증으로 심사를 볼 수 없었다. 선생님께서는 평소에 열심히 했다고 말씀하시며 2단 멘죠免狀(단증)를 심사 없이 주셨다. 내가 예뻐서 그냥 주신 것은 아닐 것이다. 평소에 보고 계셨다가 와자가 되었기 때문에 주셨다고 생각한다. 일본에서는 이런 경우 돈이나 아부가 절대 통하지 않기 때문이다.

그 후 나는 아버지가 중풍으로 쓰러져 병원비를 대기 위해 더욱 먼 곳인 오메시青梅市에서 식당을 경영했다. 그래서 쓰치우라 도장에 다니지 못했다. 그러나 매일 혼자 목검을 휘두르고

장술杖術(봉술)을 연습했다. 그리고 정기도整氣道를 고안하게
되었다.

고질병을 고치다

나는 아이키도 도장에 다니면서 스포츠클럽에도 다녔다. 좀
창피한 말이지만 샤워를 하기 위해서였다. 일본에서 목욕탕이
있는 방은 달랑 한 칸이어도 한 달에 월세가 6~7만 엔은 한
다. 이는 변두리나 전철역에서 버스나 자전거를 타고 가야 하
는 불편한 곳이 그렇다. 역에서 가까우면 10만 엔이 넘고 고
급 동네는 20만 엔에서 30만 엔 이상 한다. 록본기 힐즈六本木
ヒルズ처럼 방 한 칸에 50~100만 엔이 넘는 곳도 있다.

나는 대학 기숙사에 들어가기 전에는 월세 3만 엔의 방에 살
았다. 그러다 보니 화장실은 공동이고 목욕탕은 없다. 그래서
운동도 할 겸 샤워를 하기 위해 가까운 스포츠센터에 다녔다.
버릇이 되어 기숙사에 들어가서도 계속 대학 내 스포츠센터
에 다닌 것이다. 샤워도 하고 운동도 하니 일석이조였다. 운동
으로 땀을 흘리면 정말 기분이 좋았다.

하루는 러닝머신의 경사를 최고로 하고 빠른 속도로 달렸다.
마흔 살이 넘은 나이에 좀 무리였나 보다. 갑자기 오른쪽 고관

절에서 '두둑!' 하는 소리가 나더니 격통이 밀려왔다. 그래서 운동을 중지하고 기숙사에 돌아와 쉬었다. 그런데 다음 날부터 다리가 저리고 허리도 아프기 시작했다. 정형외과에 가서 뢴트겐을 찍고 진찰을 받아보니 좌골신경통이라고 했다. 그리고는 침대에 누우라고 하더니 기계에 양다리를 벨트로 묶어 당기는 겐인牽引(견인)이라는 치료를 10분 정도 했다. 그 후 척추에 전기마사지 10분을 해 주고는 그만이었다. 일본의 정형외과에 가면 노인들이 많아 1, 2시간 기다리는 것이 보통이다. 노인들은 의료비가 거의 공짜다 보니 병원에 다니는 것이 하루의 일과라고 한다. 노인이 있는 집에 가 보면 벽장에 먹다 남은 약이 보통 몇 박스씩은 있다. 의료비의 과잉 지출 같다. 나는 그렇게 정형외과를 3년이나 다녔다. 그래도 낫지 않았다. 병원에서는 허리 수술과 함께 인공 고관절을 끼우는 수술을 해야 한다고 말했다. 그러면 생각해 본다고 하고 병원을 옮겼다. 어림잡아 10곳은 옮겼을 것이다. 허리 수술은 성공률이 30%도 안 된다는 소리를 들어 하기 싫었다. 그리고 인공 고관절도 몇 년에 한 번씩 주기적으로 바꿔야 한다. 정말 나머지 인생을 장애가 있는 상태에서 살아가는 것이다. 지금은 없어졌으나 당시는 유학생 의료비 지원제가 있어 돈은 거의 들지 않았으나 위험한 모험은 하고 싶지 않았다. 그래서 마사지나카이로프랙틱, 접골원을 수도 없이 다녔다. 그래도 허사였다. 운동은 나이에 맞게 해야 하는데 젊을 때 생각만 하고 너무 욕심을 내다 고질병이 온 것이다. 후회해도 소용없었다. 허리와 다리가 아파서 학교도 못 가고 아르바이트도 못 하는 날이 허다했다. '내 인생 늦게 유학한답시고 일본 땅에 와서 이렇게 끝나는가?' 하는 생각과 함께 우울증도 생겼다. 통증과 상념을 잊기 위해 술을 마시는 나날이 계속되었다.

그러던 어느 날이었다. 한국에서 내가 다니던 히토쓰바시대학 대학원에 1년간 교환교수로 오신 H 교수님이 "아니 유 선생님! 걸음걸이가 이상하네요? 혹시 좌골신경통입니까? 내가 엉덩이라도 한 번 차 드릴까요?"라고 말했다. 그래서 나는 "교수님! 농담하지 마세요. 저는 지금 한 발을 뗄 때마다 아파서 눈물이 나올 지경입니다."라고 말했다. 그러나 '혹시?' 하는 기대감을 가지고 교수님이 시킨 대로 바닥에 엎드렸다. '물에 빠진 사람은 지푸라기라도 잡는다'는 심정을 알 것 같았다. 그리고 내심 '아까 하신 말씀은 농담이고 아픈 환자니까 부드러운 마사지라도 해 주시겠지?'라는 기대를 했다. 그런데 교수님은 정말로 오른쪽 고관절을 사정없이 발로 찼다. 너무 아파서 나도 모르게 그만 비명이 터졌다. 그러자 교수님은 웃으면서 "엄살떨지 마시고 고양이처럼 기지개를 켜고 천천히 일어나 걸어보세요"라고 말했다. 그대로 해 보니 지금까지 있던 통증이 거짓말처럼 없었다. 순간 교수님이 신처럼 보였다.

그래서 "이게 도대체 무엇입니까?"라고 물었다. 그러자 교수님은 "사람 몸의 통증은 틀어진 뼈를 원래 위치로 돌려주고 자세를 바르게 하면 90%는 없어집니다. 못 고친다는 고혈압이나 당뇨병, 암도 낫는 수가 있습니다. 유 선생님은 고관절이 틀어져 있었기 때문에 발로 차서 교정한 것뿐입니다. 아마 무리하게 달리다 빠졌었나 봅니다."라고 말했다.

나는 '이런 기적도 있구나!' 하고 감격했다. 한편 그때까지 고생한 3년간의 세월이 너무 바보스럽게 생각되어 억울하기도 했다. 그러나 몰랐으니 할 수 없었다. 늦었지만 인연이 있어 나았으니 정말 잘 되었다고 생각했다. 또 그런 행운을 가져다주신 교수님께 진심으로 감사했다.

그 후 나는 교수님의 가르침과 주신 책으로 인체의 통증, 특히 좌골신경통에 대해서 열심히 공부했다. 그리고 교수님이 소개해 주신 K 선생님에게 치료를 받기 위해 한국에 수차례 다녀왔다. 교수님도 수년 전에 허리가 아파서 고생했는데 친구에게 K 선생님을 소개받아 시술받고 좋아졌다고 했다. 그래서 가족까지 소개하고 자신도 배웠다고 한다.

우리나라에는 교도소에 들락거린 범죄자가 판·검사나 변호사

보다 지은 죄에 대하여 몇 년 형을 받을지 더 정확하게 안다는 말이 있다. 나도 그런지 의료분야는 무지하나 3년 넘게 좌골신경통으로 고생한 경험이 있어 몸의 통증에 대해서는 어느 정도 알게 되었다. 그리고 주변에 같은 병을 앓고 있는 사람들에게 시술하고 스트레칭 방법을 가르쳐서 좋아졌다는 이야기를 많이 들었다. 그와 함께 운동한 경험을 살려 정기도를 고안하게 된 것이다.

나의 아버지는 고혈압에 중풍이 와서 쓰러지셨다. 그리고 8년간이나 병상에 누워계시다 작년에 돌아가셨다. 어머님은 당뇨를 발견한 지 10년 만에 합병증인 간암으로 돌아가셨다. 나도 유전인지 고혈압과 당뇨가 있다. 그리고 좌골신경통까지 있다. 그래서 나는 열심히 정기도를 수련하고 있다. 그리고 돌아가신 부모님 대신 같은 병을 앓고 있는 사람들에게 도움을 주기 위해 블로그도 운영 중이다. 그리고 조만간에 몸의 통증과 건강에 대한 책을 발간할 예정이다. 일본에 와서 나는 정말 인생에서 제일 큰 것을 얻었다고 할 수 있겠다. 인간은 돈과 명예, 권력보다 아픈 데 없는 건강한 삶이 최고이기 때문이다.

한국인과 일본인의 관념의 벽

2009년 연초의 어느 날, 대학 입학 후 연례행사가 된 김치찌개를 만들러 대학 때 학장님 댁을 방문했다. 학장님께서 나를 보자마자 "대학세미나하우스seminar house에서 유학생 논문 콩쿠르를 개최하는데 유상이 꼭 응모해 보세요."라며 신청서가 든 서류봉투를 하나 주셨다. 학장님이 권하시니 하지 않을 수 없어 "예, 알겠습니다." 하고 무조건 대답했다.

그런데 아르바이트에 바빠 잊고 있다가 마감 3일 전에야 논문을 써야 한다는 사실이 기억났다. 서둘러 동네 도서관에 가서 자료를 수집했는데 참고할 만한 문헌이 별로 없었다. 시간이 없어 그냥 쓰는 수밖에 없다고 생각했다.

과제에 따라 '속담으로 본 한·일간 사회적 통념의 차 – 모난 돌이 정 맞는다를 예로서'라는 타이틀로 4,000자 정도를 급히 써서 제출했다. 비슷한 속담은 일본에도 있다. '튀어나온 말뚝은 얻어맞는다出る杭は打たれる'이다. 솔직히 시간이 너무 없어 내가 쓴 책 『무도의 세계에서 바라본 일본』을 조금 참고로 했다. 그리고 눈 딱 감고 냈다. 학장님께는 제출했다고 보고하기만 하면 된다고 생각했다. 어려운 숙제를 낸 기분이었다.

그런데 얼마 후 '대학세미나하우스'에서 전화가 걸려왔다. 내용인즉 내가 이번 대회, 즉 일본 전국의 754개(국립 86교, 공립 75교, 사립 593교)나 되는 각 대학에서 논문을 낸 유학생(당시 일본의 유학생 총수 123,829명) 중 1등이라는 것이었다. 잘못 들은 것이 아닌가? 내 귀를 의심했다. '설마 그렇게 급하게 쓴 논문이 입상하다니? 이거 꿈 아니야?'라고 생각했다. 시상식에 꼭 참가해 달라는 부탁까지 받았다. 그것도 1박 2일의 세미나와 축하파티에 참가하는 것 포함이었다. 상금도 있었다.

'대학세미나하우스'는 도쿄東京의 서쪽 끝 하치오지시八王子市에 있다. 가 보니 작은 야산의 숲 속에 웬만한 대학 캠퍼스만한 크기로 자리 잡고 있었다. 정말 연구하기에는 최고의 환경이었다. '나는 언제쯤 이런 곳에 초대받아 연구를 할 수 있을까?'라는 생각을 하니 한숨만 나왔다.

도쿄東京의 오차노미즈お茶の水에서 가까운 곳에 야마노우에山の上(힐탑) 호텔이 있다. 그 곳은 백 수십 년 전부터 일본의 유명한 문호들이 간즈메缶詰(방콕)로 집필 활동을 하는 곳으로 유명하다. 아르바이트로 그 곳을 소독할 때도 같은 생각을 하며 작가들을 부러워했었다. 새벽 2시가 넘어야 주방일이 끝나 소독을 할 수 있었는데 10분 전에도 일을 시작할 수가 없었다. 왜냐하면, 음식주문 마감 1분 전에도 야식과 술을 시키는

작가 선생님이 있기 때문이라고 한다.

시상대에 올라서니 세미나하우스 학장님께서 "올해는 금상이 될 만한 레벨의 논문이 없어서 은상을 1등으로 합니다"라고 말했다. 좀 창피했다. 등에 많은 시선을 느껴 간지럽기까지 했다. 너무 서둘러 써서 수준 미달이었던 것 같았다. 시상식 후 파티가 있었다. 심사위원을 담당했던 각 유명 대학의 교수님들과 환담을 하며 한잔했다. 금상도 아닌 은상 1등이었지만 여러 교수님께 칭찬도 들었다.

잠은 게스트하우스guest house에서 잤다. 오래간만에 호화판으로 숙식을 했다. 룸메이트roommate인 어느 나라 학생에게 나는 "너무 갑자기 썼는데 상도 받고 이렇게 융숭한 대접을 받아 어딘가 좀 미안하네요"라고 말했다. 그러자 그는 "저는 더 켕겨요. 도서관도 안 가고 위키피디아 등 인터넷에서 베꼈어요"라고 말했다. 우리 지도교수님이 들으면 큰일 날 소리다. 논문을 쓰는데 인터넷은 참고문헌으로 인정하지 않는 분이기 때문이다. 무조건 활자문헌을 찾으라고 하는 분이다. 사실 맞는 말이다. 인터넷의 글은 검증이 안 된 것이 많기 때문이다.

그런데 나를 더 당황하게 한 것은 얼마 후 우리 대학 내 표창이 있었기 때문이다. 학교를 빛낸 인물로 학장님께 트로피와 표창장을 받은 것이다. 학교 홈페이지에도 사진이 실렸다. 3

일 만에 쓴 논문으로는 너무 과분했다. 지도교수님이 너무 기뻐해 주셨다. 그리고 세미나 수업에서 모두에게 소개해 주시고 한 마디 인사말도 하라고 하셨다. 아무리 집안 사정이 있다지만 나는 일만 해서 교수님의 기대만큼 공부도 못했다. 죄책감에 아무 말도 못했다. 하지만 교수님이 좋아하시니 조금은 보답을 한 것 같아 마음이 어느 정도나마 편해졌다.

사실 이런 영광스런 상을 받은 것도 아이키도 덕분이다. 논문의 내용은 아아키도를 하면서 있었던 일본인 학생들과의 갈등을 한국과 일본의 속담으로 비교해 써낸 것이다. 지금 읽어 보니 정말 부족한 점이 많은 글이다. 어찌 보면 은상도 과분하다. 그러나 원문 그대로 직역해서 소개해 보고자 한다.

속담으로 본 한·일간 사회적 통념의 차
- '튀어나온 말뚝은 얻어맞는다'를 예로서 -

I. 머리말

한국과 일본은 지리적으로는 가깝고 같은 한자문화권인 관계로 비슷한 문화와 습관도 많다. 그러나 사회적 통념은 양국이 육지가 아닌 바다로 떨어져 있는 것을 실감할 정도로 큰 차이를 보이고 있다. 그래서 민중의 지혜가 응축되어 널리 구전되

어온 민간의 격언인 속담에도 의미는 같으나 사회적 통념의 차가 큰 것이 있다. 그중 하나가 '튀어나온 말뚝은 얻어맞는다 出る杭は打たれる'라는 속담이다. 한국에도 이와 비슷한 속담이 있다. 그것을 일본말로 직역하면 '모난 돌이 정 맞는다 角が出来た石はつちで打たれる'이다. '튀어나온'이 '모난'으로, '말뚝'이 '돌'로 바뀌고 '정'이란 말이 있으나 의미는 거의 비슷하다. 그러나 이 속담의 사회적 통념상 양국에서 저마다 쓰임에 큰 차이가 있는 것을 느꼈다. 그것을 나의 경험을 통해 논해 보고자 한다.

Ⅱ. 대학 시절 서클에서 있었던 일

나는 일본에 와서 친구의 소개로 일본의 전통무도의 하나인 아이키도를 시작했다. 그리고 대학 2학년 때는 외국인으로서 대학 역사상 처음으로 아이키도부의 주장을 맡았다. 내가 주장이 된 제일 큰 이유는 부원 중에 아무도 주장을 맡으려고 하는 사람이 없었기 때문이다. 처음에 나는 이처럼 자랑스럽고 영광스러운 자리를, 그리고 대학 시절의 추억으로서도 명예로운 기회를 왜 마다하는 것인지 이해할 수 없었다.

주장 선출 기간 중 어느 날 밤에 현 주장에게서 전화가 왔다. 내용은 내가 차기 주장을 꼭 좀 맡아줘야겠다는 간곡한 부탁이었다. 나는 겉으로는 주장이 되려 하는 사람이 없으니까 할 수 없이 받아들이는 척하면서 내심 기뻤다. 그 이유는 나는 앞에 나서기를 좋아하는 한국인이기 때문이었다.

주장이 된 나는 먼저 부원을 늘리기 위한 계획을 세웠다. 왜냐하면 부원이 너무 적었기 때문이다. 같은 무도서클(무도동아리)인 소림사권법부少林寺拳法部나 검도부劍道部, 유도부柔道部, 궁도부弓道部는 부원이 몇십 명이 넘는데 아이키도부合気道部는 대학원생을 포함해도 고작 10명 정도밖에 없었다.

부원이 적은 이유를 생각해 보니 아이키도부는 신입생의 입부 권유 활동을 적극적으로 하지 않고 있었다. 소수가 게이코 하는 것보다 다수가 하면 더 즐거운 것을 모르는 것일까? 왜 모두 쓸쓸하게 게이코를 하는지 도무지 이해할 수 없었다. 본부도장에서 먼 곳까지 지도하러 오시는 사범님도 부원이 적으면 그리 즐겁지 않을 것이다.

나는 먼저 부원을 늘리기 위해서 전원이 적극적으로 입부 권유활동을 할 것을 당부했다. 그리고 5교시는 오후 6시에 끝나므로 5교시 수업이 많은 1학년생이 참가하기 쉽게 사범님과 상담해서 게이코 시작 시간을 5시 반에서 6시로 변경했다. 그리고 10분 정도 여유를 갖고 기다렸다 시작하도록 했다. 아이키도에 미치거나 용기가 없는 한 신입생이 선배들이 게이

　　　　　　한 번쯤 일본에서 살아본다면

코하는 도중에 도장에 들어오기는 어려울 것이라고 판단했기 때문이다. 그리고 아아키도부는 규칙이 엄한 무도 관계의 서 클이지만 신입생에게는 상냥하게 응대해 주기를 부원들에게 부탁했다.

이에 대해 선배들의 반발은 강했다. 개중에는 일본의 전통을 모르는 외국인이 주장이 되어 지금까지의 엄한 암묵의 룰을 깨트리고 있다고 뒤에서 험담을 하는 사람도 있었다. 그래도 나는 목적을 달성하기 위해 계획대로 실행했다. 그러자 선배들의 반발은 더 노골적이 되었다. 이번에는 사범님에게 "지금 주장은 일본의 무도정신을 무시하고 승단하려는 욕심밖에 없는 사람입니다!"라고 중상모략을 했다. 사범님으로부터는 "선배들의 의견도 중시해 주는 것이 좋지 않을까요?"라는 주의도 받았다.

나는 주장을 맡은 것을 후회했다. 뭔가를 추진하려고 하면 선배들이 무조건 반대했다. 그래서 부의 발전을 위해 제안하는 것도 싫어졌다. 몇 번이나 그만두려고 했다. 그러나 내가 도중에 그만두면 "한국인은 무책임하다!"라고 말할 것 같아 그렇게 할 수도 없었다. 임기가 끝날 때까지 참고 있을 수밖에 없다고 생각했다.

결과적으로 아이키도 부원은 전해보다 몇 배 늘었다. 정신적

으로는 고생했으나 나의 대학졸업식을 축하해 주러 온 후배들에게 받은 요세가키寄せ書き(여럿이 한 장의 종이에 쓴 기념글. 졸업생이나 멀리 가는 사람에게 소감이나 추억을 한 마디씩 쓴다)를 보고 주장을 맡은 보람을 느꼈다. 부원들은 하나같이 "아이키도부를 훌륭하게 성장시켜주시고 상냥하고 친절하게 가르쳐주셔서 정말 감사드립니다"라고 써주었다.

Ⅲ. 한국과 일본의 사회적 통념의 차

이상에서 본 것처럼 일본인 학생은 누구도 주장이 되려고 하는 사람이 없었다. 그러나 한국인 학생인 나는 내심 기쁘게 생각하면서 주장을 맡았다. 이는 무엇을 의미하는 것일까? 이한 가지 예로 한국과 일본의 사회적 통념 전체를 대변할 수는 없을 것이다. 그러나 '일본인은 앞에 나서는 것보다 집단 속에 가만히 있는 것을 좋아하는 사람이 많고, 한국인은 앞에 나서는 것을 좋아하는 사람이 많다'는 것을 짐작할 수 있다.

일본인이 앞에 나서기를 피하는 주의의 기원은 농업민족이기 때문이라는 견해도 있다. 즉 집단으로 벼농사를 짓기 위해서는 주위와 맞추지 않으면 미움받아 무라하치부村八分(따돌림)되는 풍조가 생겼다고 한다. 또 일본인이 앞에 나서기를 그다지 좋아하지 않는 이유에 대해 프랑스인 선교사 안드레 레논은 21년간 일본의 노동현장에서 일한 경험을 바탕으로 "일본에서는 튀어나온 말뚝은 얻어맞기 때문이다"라고 증언하고 있다. 그리고 전 즈시시逗子市 시장이었던 나가시마長島 상도 다음과 같이 말했다.

어떤 사회에서도 유성처럼 나타난 실력자에 대해서는 당연히 과격한 질투가 불타오른다. 예를 들면 윈드서핑 세계라는 실로 과격한 체육사회에서, 전국학생 신인대회에서 우승해도 1, 2학년 중도까지는 실력을 좀처럼 인정하려 하지 않고 반 시새움 섞인 비판의 대상이 되었다. "저 자식은 제멋대로야!"라는 식으로….

한국인 중에도 앞에 나서는 사람을 응원하기보다 질투하는 사람이 많다. 그래도 앞에 서려고 하는 것은 그만큼 선망의 대상이 되고 이권도 많기 때문이다. 한국인도 옛날에는 일본인처럼 집단으로 생활하면서 앞에 나서는 것을 사양하는 것을 미덕으로 생각하던 시절이 있었다. 그러나 바뀐 데는 다음과 같은 이유가 있지 않나 생각된다.
한반도는 동아시아의 지정학적 요충지였기 때문에 주변 강대국의 침략을 자주 받았다. 그래서 살아남기 위해 힘 앞에 아부하는 사람이 나오기 시작했다. 또 집단 속에 있는 것보다 앞에 나서는 쪽이 출세해서 풍요롭게 살 가능성이 크다고 판단하는 사람도 많아졌다. '한국인은 목소리가 큰 사람이 이긴다'는 말이 생긴 것도 자기를 내세우기 위한 생존경쟁의 하나의 산물이다. 중국과의 책봉과 조공 관계의 역사나 식민지시대, 6·25전쟁의 쓰라린 경험도 앞에 나서는 것을 선호하는 사람을 늘린 계기가 되었다고 생각된다.

Ⅳ. 맺음말

이상에서 보았듯이 모든 아이키도 부원들이 주장이 되려고 하지 않은 것은 명예보다 머리가 아픈 일을 피하고 싶어서이다. 또 '튀어나온 말뚝은 얻어맞는다'는 일본의 사회적 통념이 강하게 압박했기 때문이라고 생각된다. 젊을 때는 앞에 나가 이성에게 멋있게 보이려는 본능이 있다. 그러나 일본인 학생들은 그보다 집단 속에서 묵묵히 좋아하는 운동을 하는 쪽이 보다 안전하다고 생각하는 사람이 많은 것 같다. 선배들에게 이것저것 충고를 받는 것도 싫고, 후배들에게 평가되어 창피를 당하는 것도 싫다. 결과가 나쁘면 모두에게 욕을 먹게 되고, 잘되면 시기를 받는다. 결국 득보다 실이 많다.

일본인과는 반대로 한국인은 단체의 대표나 장을 앞다투어

하려고 한다. 초등학교 반장 선거나 중학교 학생회장 선거에 후보자의 엄마들이 동원되어 부정선거를 할 정도이다. 그 이유는 아이에게 리더십을 키워주고 싶기 때문이라고 한다. 그리고 자식이 대표로서의 경험을 쌓게 해서 장래에 지위나 신분이 높은 사람이 되기를 바라기 때문이라고 한다. 자식이 잘되는 것을 바라는 마음은 세계 어느 나라 부모나 다 똑같다. 그러나 한국에서는 예부터 장이나 리더의 권한이 크기 때문에 모두에게 동경의 대상이 된다. 자식을 그런 지위에 세우고 싶다는 마음이 최근의 한국 부모들에게 더욱 강해진 것 같다. 이러한 환경에 있던 나는 처음에 일본의 사회적 통념을 모르고, 또 전 주장의 강력한 권유에 무심코 주장을 맡아 정신적으로 괴로웠다. 그러나 주장이 쓰라린 경험만 가져다준 것은 아니다. 한국인의 관념을 잘 이해해 준 후배도 많이 생겼고, 나는 일본인의 사회적 통념의 일부도 보통 유학생보다 빨리 이해할 수 있지 않았는가? 이것은 확실히 교실에서의 공부만으로는 경험할 수가 없는 귀중한 추억이라고 생각한다.

참고자료参考資料

アンドレ レノン『出る杭は打たれる』岩波書店, 1994

長島一由『普通の人が夢をかなえる50のヒント』ポプラ社, 2002

http://ansaikuropedia.org/wiki/「出る杭は打たれる」 2009.9.25 엑세스

http://dhaos.egloos.com/2268723 「班長不正選」 2009,9,25, 엑세스

일본 학생들을 수업시간에 보면 교수님의 질문에 손을 드는 학생은 거의 없다. 그러나 지명하면 거의 다 정답을 말한다. 알면서도 앞에 나서지 않는 것이다. 반면 우리나라 학생들은 몰라도 손을 들기도 한다. 모르면 창피하다고 생각하고 또 '설마 많은 사람 중에 나를 지목하지는 않겠지?' 하는 마음으로 손을 드는 학생도 있다. 이처럼 우리는 앞에 나서지 못하는 것을 무능하고 수치라고 생각한다.

이처럼 일본과 우리는 가까운 나라이면서도 관념의 차이는 크다. 이를 서로 이해하고 극복하지 않고서는 절대 친선관계가 되기는 어려울 것이다. 우리는 이제 일본인들의 관념을 알고 이해하고 앞서가야 그들에게 또 당하지 않을 것으로 생각한다.

나의 일본 유학 생활은 아이키도를 빼고는 말할 수가 없을 정도가 되었다. 이는 보통사람과는 확실히 다른 드문 경험임이 틀림없다. 아이키도와의 만남은 처음부터 내가 원해서 이루어진 것은 아니다. 인연이라고 생각한다. 나는 아이키도 덕분에 일생의 염원이던 정규 대학을 다녀보았다. 그리고 대학원까지 진학했다. 젊어서 18년간이나 갖고 있던 '중졸'이라는 학력

콤플렉스를 해소하고 아직도 부족하지만 공부도 원 없이 해 보았다.

또 나는 아이키도 덕분에 정기도를 고안했고 매일 이 운동을 통해 내 고질병인 좌골신경통의 재발을 막고 있다. 이 병은 완벽하게 고칠 수 없다고 한다. 항상 자세를 바르게 하고 스트레칭을 해서 통증이나 저림을 방지하는 수밖에 없다.

그리고 아이키도 덕분에 평생 다시없을 영광스런 상도 받았다. 게다가 일본인과 한국인 간 마찰의 근본 원인 중 하나이기도 한 사회적 통념의 차이도 몸으로 경험하게 되었다.

요즘 세상에 남자가 해야 할 일과 여자가 해야 할 일의 구분은 거의 없어졌다. 무도는 지금까지는 남자가 하는 이미지가 강했다. 그러나 일본 대학의 무도서클을 보면 여자들도 많이 있다. 일본에 온 유학생이라면 남녀 구별 없이 일본 무도를 하나쯤 배워서 돌아갈 것을 권하고 싶다. 적을 이기려면 적에 대해서 많이 연구하고 알아야 한다. 적이 싫다고 경원시하면 오히려 당한다. 과거 우리의 일본과의 역사가 그것을 여실히 증명하고 있지 않은가?

그러나 일본에 오는 대부분의 우리나라 유학생들은 잠잘 시간도 없이 아르바이트를 하기 때문에 서클활동까지 하기는 어렵다. 내가 권유해서 몇 명 입부는 했으나 대부분 얼마 가지 못하고 그만두었다. 그 점 안타깝게 생각한다. 그러나 이왕 고생하는 것 조금만 참고 일주일에 한 번만이라도 서클활동을 하면 일본인을 잘 알 수 있게 된다. 그리고 더 친해질 수도 있다.

나의 일본 유학생활은 '인생은 돈과 출세가 최고다!'라는 기준으로 볼 때 너무 허송세월 같다. 더구나 부모님이 병을 얻어 돌아가셨는데도 장남으로서 너무 무책임했다. 요즘 세상에는 주변에서 거의 다 그런 눈으로 본다. 그러나 나는 나름대로 뜻이 있었다. 처음에 일본에 왔을 때는 이왕에 유학하는 거 꼭 '한·일 간의 매듭을 푸는 연구를 하고 싶다'는 욕심이 있었다. 즉 왜 가까운 나라가 서로 경원하는 관계가 되었는지 연구해서 해결하는 데 도움이 되는 역할을 하고 싶다고 생각했다. 사람은 나이를 먹을수록 벼가 고개를 숙이듯이 겸손해진다지만, 세상을 알면 의기소침해지기도 한다. 벽이 너무 거대하면 의욕도 상실한다.

하지만 나는 일본에서 아이키도를 알고 애초의 나의 꿈에 대한 신념을 잃지 않고 있다. 실제로 나는 정기도를 고안해서 많은 일본 사람들의 통증을 없애주고 건강을 주는 좋은 일을 하고 있다. 이런 나의 일본 유학을 포함한 일본 생활이 세간에서 보듯이 그렇게 허송세월만은 아니지 않을까?

다시 한 번 찾은
나의 길

이상구

넌 전역하면 뭐할래?

나는 부모님의 기대 속에서 자란 장남이다. 어려운 가정 형편에도 부모님은 끊임없이 나를 지원해 주었지만, 끈기가 없던 나는 무얼 해도 금방 그만두곤 했다. 내가 진짜 좋아하는 건 뭘까 라는 의문을 가지면서 살았고 중학교 때부터 악기와 음악에 관심을 가지게 되었다. 고등학교 다닐 무렵부터 인터넷을 보며 조금씩 공부해서 독학으로나마 간단하게 피아노를 연주하게 되었다. 피아노를 학원에서 배운 친구들처럼 잘하진 못했지만 내 나름의 스타일로 코드를 보며 연주하는 일은 무척 재미있었다.

그렇게 중고등학교를 마친 후 대학을 가지 않고 곧바로 군대에 갔다. 남들보다 빠른 시작이라고 생각했다. 그렇게 1년이 지났다. 근무를 나가면 후임병에게 꼭 물어보는 질문이 있었다. "넌 여태껏 뭐 하다가 왔느냐?"와 "넌 전역하면 뭐할래?"였다. 대답도 가지각색이었다. 다들 전역 후의 꿈과 계획이 있었다.

나도 나 자신에게 물었다. "넌 전역하면 뭐할 건데?" 돌아오는 답변은 없었다. 그렇게 제대하고 사회에 첫걸음을 내디딜 무렵, 음악을 다시 해 보자는 생각이 들었지만 상황이 따라주질 않았다. 잘하는 사람은 너무 많은데 내 실력은 형편없다 보니 스스로 좌절감을 느낀다고 해야 하나. 너무 늦게 시작하는 건 아닌지 하는 염려가 앞섰기 때문인지 하다가 금세 포기하고 말았다. 직장을 다녔지만 회사 생활은 재미도 없고 하루하루가 힘들기만 했다. 조금 다니다 말고 퇴사하는 경우가 많았다. 그때마다 다시 음악을 하고 싶다는 생각만 들었다. 그러다 작곡을 공부하기 시작했다. 유튜브를 통해 작곡하는 영상도 보고 모아놨던 월급을 조금씩 털어 음악 장비를 마련하기 시작했다. 레슨을 받으러 서울에 올라가기도 하면서 천천히 꿈을 키워나갔다.

일본에서 찾은 음악의 길

어느덧 내 나이 27살. 모든 것을 내려두고 일본으로 떠났다. 물론 한국에서도 음악 공부가 가능하겠지만 여러 상황이 일본과 더 적합하다고 생각했기에 일본으로 떠났다. 일본은 다른 분야도 마찬가지지만 음악에 대한 책이나 자료의 종류도 많고 다양해서 원하는 지식을 얻기에 편하다. 또 유명한 음악 전문학교도 많이 있다. 실용음악과 관련된 어떤 학교는 기타를 만드는 과정도 있다고 한다. 히라가나도 모르던 내가 갑자기 일본이라니 뜬금없었지만, 일본에 관한 책을 사서 읽어보기도 하고 오랜 시간 생각한 후 결정한 일이라 지금도 후회는 없다. 일본에서 생활하고 음악을 배우려면 무조건 일본어를 공부해야 하니 일석이조라고 생각했다. 게다가 한자까지 알게 되니 일석삼조라고 긍정적으로 생각한다.

나는 나카시마 미카의 '눈의 꽃'(한국에서 가수 박효신이 '눈의 꽃'으로 번안함), 나카시마 미카의 '벚꽃빛(연분홍빛) 흩날릴 무렵'(한국에서 가수 포지션이 '하루'로 번안함) 등을 무척 좋아한다. 내가 좋아하는 일본 음악은 발라드가 많다. 이런 노래와 멜로디는 나를 일본으로 이끈 원동력이기도 했다. 일본으로 가기로 한 뒤 직장을 다니면서 유학원을 통해 일본에서 살 곳과 일본어학교를 찾았다. 일본어학교는 학비도 괜찮고 평판도 좋은 닛뽀리 근처의 학교로 정했다. 회사를 그만두고 2015년 4월에 이곳에 와서 열심히 일본어학교를 다니고 공부하고 있다. 처음 석 달은 단기비자+장기 비자로 오는 거라 아르바이트도 할 수 없었다. 단기비자는 여행 비자이기 때문이다. 그래서 어차피 아르바이트도 못 하니 열심히 공부만 했다. 그리고 일본에 대해 하나라도 더 많이 알기 위해 이곳저곳을 많이 돌아다녔다.

일본의 가장 높은 건물인 스카이트리, 도쿄타워, 오타쿠의 천국 아키하바라, 오다이바에 있는 에도시대를 배경으로 한 오에도 온천, 학교 근처의 야나카 긴자, 수족관으로 유명한 이케부쿠로, 도쿄의 중심지 신주쿠, 부자동네 롯본기, 긴자, 판다로 유명한 우에노 동물원, 우리나라의 인사동 같은 아사쿠사, 수산시장으로 유명한 쓰키지, 또 학교에서 여행으로 떠난 에노시마(만화 『슬램덩크』 배경지), 우리나라 서울역과 같은 도쿄역 등 정말 도쿄 근처의 유명한 곳은 거의 다 가봤다. 여기저기 돌아다니며 도쿄에서 지하철을 타는 방법을 확실하게 익혔다. 지난 3개월은 내가 나에게 주는 선물이었다. 돌아다녔던 곳의 사진을 블로그에 올렸다. 나의 추억을 어딘가에 적어놓고 싶었는데 일기장에 적자니 귀찮기도 했고, 사진도 넣을 수 없어서, 온라인상의 일기, 블로그에 올리기로 마음먹고 일주일에 한두 번 이상은 꼭 올렸다.

일본어학교를 마치면 전문학교에 진학 예정이기 때문에 일본어학교를 통해 전문학교를 알아보기도 했다. 일본어학교에서 진학 상담을 해 주는데 학비라든가 학교 시스템에 대해서도 알려줘서 학교와 학과를 선택하는 데 큰 도움이 되었다. 또 일본은 진학 전에 오픈 캠퍼스라는 것이 있어서 미리 학교 견학이라든가 학교생활, 수업방식 등을 확인할 수 있다.

학교, 일, 미래, 성공적

일본어학교를 다닌 지 3개월이 지나자 공부를 열심히 한 덕분인지 일본에서 생활 일본어를 많이 사용해서인지 일본어가 들리기 시작했고 기본적인 말은 할 수 있는 수준이 되었다. 물론 아직도 많이 부족하지만 그래도 내가 공부하는 만큼 들리고 말할 수 있구나 하는 자신감이 생겼다. 일본어학교에서도 수업에 적극적으로 참여해서 질문을 많이 했다. 얼마나 질문이 많았으면 선생님이 나를 '우루사이(시끄러운) 상구 상'이라고 별명까지 만들어 주셨을까. 나는 하나라도 일본어로 더 말하고 싶고 그럴 때마다 궁금한 내용을 질문했다.

단기비자 3개월 동안 열심히 이곳저곳 돌아다니기도 했지만, 공부도 열심히 했기에 무난히 기말고사를 잘 쳤고, 다음 레벨 반에 들어갈 수 있었다. 단기비자가 끝나고 학생비자로 전환된 날 바로 구청에 갔다. 구청에 전입신고를 하고 보험료를 내고, 휴대전화를 만들었다. 한국에서 가져온 휴대전화로 포켓 와이파이를 사용해서 인터넷을 사용했는데 그때부터 자유롭게 전화와 문자, 인터넷을 할 수 있게 되었다. 그리고 아르바이트도 시작할 수 있게 되었다. 한국에서 직장생활을 하며 번 돈으로 그동안 생활했는데 잔액은 점점 줄어가고 있었다. 사실 아르바이트를 빨리 하고 싶었다. 한동안 공부만 하고 놀러 다니며 돈을 쓰기만 했다. 하지만 수입이 없는 생활이 내심 불안했다. 학생 비자로 전환된 이후, 일본어학교 친구의 소개를 받아 친구도 일하고 있었던 한국 마트에서 아르바이트를 시작했다.

일 자체는 생각보다 힘들지는 않았지만, 아르바이트를 마치고 집에 돌아오면 새벽 1시가 넘었다. 너무 피곤하고 지칠 때도 있었다. '내가 왜 이렇게 고생하면서까지 이곳에 있어야 하지' 라는 생각도 들었다. 하지만 그런 생각도 잠시, 일할 수 있음에 감사했고 아직 나에겐 젊음이 있다는 생각이 들었다. 학교 수업도 더욱 열심히 들었다. 왜냐하면, 내가 열심히 일해 직접 번 돈으로 다니는 학교니까 허투루 다닐 수가 없었다. 대학 갈 학비도 조금씩 모아두고 있다. 또 번 돈으로 내가 좋아하는 음악을 하기 위한 장비도 조금씩 살 수 있었다.

일본어학교에서 초급 2반에 올라와서 한 달쯤 지났을까? 중요한 시험이 있다고 했다. 그 시험을 못 보면 다시 초급 1반의 수업을 들어야 했다. 사실 그렇게 어렵지 않으리라 생각하고 공부도 제대로 하지 않은 채 시험을 봤다. 결과는 당연히 참패였다. 다행히 학교에서 성실히 학교를 잘 다녔다고 판단해서인지 기회를 한 번 더 주었다. 그땐 열심히 공부했고, 다행히 시험에 통과할 수 있었다. 이 일을 계기로 자만하지 않고 꾸준히 공부해야겠다는 다짐을 하게 되었다.

내가 느낀 일본은?

일본 사람은 줄 서는 것을 참 잘한다. 한국 사람들은 빨리빨리를 좋아하니 이곳이 답답할 수 있다. 한번은 우체국에 통장을 만들러 갔다. 20분 정도 기다리고 내 차례가 되었다. 우체국 직원이 이것저것 물어보고 적었다. 그런데 시간이 꽤 걸려서 우체국에서 1시간 넘게 있었다. 일본 사람들은 속으로는 욕했을지 몰라도 겉으로는 표현하지 않는다. 손님들은 아무 불평 없이 계속 기다린다. 또 맛집을 찾아간 적이 있었는데, 그곳에서 들어가기 전에 40분 정도 줄을 섰다. 같이 간 일본인 친구에게 왜 이렇게 기다리면서까지 먹느냐고 물어봤더니 일본은 원래 그렇다면서 그게 싫으면 불평 없이 그냥 돌아간다고 했다. 참 인내심이 많은 사람들이구나 하고 생각했다.

또 일본 지하철과 버스 안에서는 전화를 받지 않는다. 지하철에서 전화가 오면 바로 끊거나 조용히 "나 전철이니깐 내리면 바로 다시 전화할게"라고 말하고 바로 끊는다. 이것은 서로에 대한 예의인 것 같다. 하지만 재미있는 건 주위 친구들과는 크게 수다를 떤다. 참 아이러니하다.

또 일본인들은 쓰레기나 침을 함부로 버리거나 뱉지 않는다. 간혹 안 그런 사람도 있겠지만 대체로 그렇다. 그래서인지 일본의 길은 우리나라에 비하면 깨끗한 편이다. 그리고 일본은 중고매장(북오프, 게오)이 활성화되어 있다. 사람들이 물건을 소중히 여길 줄 아는 것 같다. 중고매장에서 살펴본 서적이라든가 게임기, 게임타이틀, 음악CD, 휴대전화 등의 판매 물건을 보면 정말 깨끗한 제품이 많다. 나도 가끔 중고매장을 이용한다.

또 일본인들은 인사를 잘한다. 같은 맨션이나 아파트에 사는 사람끼리 잘 모르더라도 일단 마주치면 인사하는 경우가 많

다. 내가 닛뽀리 근처로 이사 와서 처음 학교에 가는 날이었다. 아파트 앞에 분리수거 장소가 있는데 거기서 청소하시는 일본인 아주머니가 나에게 "오하요~잇떼랏샤이~おはよう～いってらっしゃい～(안녕하세요~ 잘 다녀와요~)."라고 먼저 인사를 건네주셔서 감사하기도 했고, 일본인들은 인사를 참 잘한다는 것을 느낄 수 있었다.

에필로그

이곳 일본에서 나는 후회 없는 삶을 살 수 있도록 노력하고 준비할 것이다. 여태껏 그냥 꿈은 꿈일 뿐이라는 생각을 했지만 일본에서 다시 시작하는 마음으로 도전할 것이다. 잠시 잊고 있었던 꿈을 다시 일본에서 찾았다. 아직은 진행형이지만 언젠가는 노력하고 열심히 살아서 그 꿈을 이룰 것이다.
사람이 어떻게 하고 싶은 대로 다 하고 살 수 있겠는가. 하고 싶은 걸 하기 위해선 하기 싫은 일도 해야 한다. 나는 일본에서 내가 앞으로 하고 싶은 작곡, 음악을 배우기 위해 하기 싫은 일본어, 특히 어려운 한자와 문법을 해야만 했다. 하지만 이런 것들을 해두면 나중에 분명히 큰 자산이 될 것이라 믿는다. 젊어서 고생은 사서도 한다는 말처럼 나는 지금 아르바이

트하랴, 공부하랴, 대학 입시 준비하랴 바쁘고 정신없는 하루
하루를 보내고 있다. 하지만 바쁜 나날 속에서 조금씩 앞을 향
해 나아갈 수 있다는 것이 너무 행복하다. 이 모든 것은 나를
성장시키는 과정이고 미래를 위한 성공적 발걸음이라 생각한
다.

오늘도 일본에서의 하루를 힘차게 시작한다. 그리고 내일의
나를 기대한다. 아마, 조금 더 앞으로 나아가 있을 것이다.

한 번쯤 일본에서 살아본다면

도쿄 맑음,
도쿄에서
꿈을 만나다

임경원

나의 삶은 두 개로 나뉜다. 한국에서의 삶, 일본에서의 삶. 한국에서는 꿈도 없고 희망도 없는, 한국에서 둘째가라면 서러운 최고의 꼴통이었다. 지구별에 존재하는 것 자체가 부끄러운 한심한 인간이었다. 스무 살 가을, 고졸 검정고시를 통과했다. 군대를 제대하고 사회에 복귀했다. 생계를 위해 택시 기사도 하고 다양한 아르바이트도 했다. 아르바이트 생활에 안주하고 살아가던 어느 날, 어느새 서른의 중반을 훨씬 넘어서 버린 나를 발견했다. 미래가 불확실한 그 생활이 싫었지만 당장 어찌할 방법이 없었다.

2년 동안 농장에서 일하기도 하고 친구가 운영하는 기숙 학원 관리일도 했다. 하지만 일은 잘 풀리지 않아서 기숙 학원에서도 얼마 지나지 않아 잘리고 말았다. 나에겐 너무나도 친숙한 고시원 생활이 다시 시작되었다. 수중에 가진 돈도 떨어져 갔다. 여기저기 이력서를 넣어도 취직이 되지 않았다. 우울증도 생기고 밖에 나가기도 겁이 났다. 의지라고는 쌀 한 톨 크기만큼도 남아 있지 않았다. 지금의 현실을 벗어날 수만 있다면 영혼이라도 팔고 싶은 심정이었다. 닭의 모가지를 비틀어도 새벽은 온다고 했던가. 그렇게 2011년 3월 11일이 밝아왔다.

남들에게는 위기? 나에게는 기회!

2011년 3월 11일 동일본대지진 발생. 연일 방송, 신문에 동일본 대지진 뉴스가 흘러나왔다. 정말, 이제 일본은 망하는 걸까? 저대로 사라지는 건가? 앞으로 일본은 어떻게 되는 걸까? 온갖 생각과 질문들이 얽히고설켜서 내 머릿속을 혼란스럽게 만들었다. 왜냐하면 나는 일생에 한 번은 꼭 도쿄에서 살아보고 싶었기 때문이다. 아는 형이 일본 유학을 가려고 준비했고 비자도 나왔는데 지진이 나서 취소했다. 그 형도 도쿄를 무척 동경하는 사람이었다. 큰 결심을 하고 유학을 결정했지만 지진이 그 결심을 무너뜨리고 말았다. 순간 나는 이런 생각이 들었다. '오히려 지금이 나에게는 기회다! 지금이 내가 도쿄에

갈 수 있는 절호의 찬스다!'라는 생각이었다.

한국 뉴스나 인터넷에서 떠들어 대는 것이 사실이라 할지라도 나는 도쿄에 가겠다고 결심했다. 살고 죽는 것은 신이 결정할 문제니 모든 것은 운명에 맡기기로 했다. 빌딩이 무너져도 폭탄이 터져도 살 사람은 살고 죽을 사람을 죽는다는 대범한 생각을 하기에 이르렀다. 만약 정말 일본이 인간이 살 수 없는 최악의 도시가 되었다면 아마 모두 일본을 떠나야 할 것이다. 그럼 지금 거기에 남아 있는 사람들은 도대체 뭐란 말인가? 특히 도쿄는 후쿠시마와도 떨어진 곳이다. 그러니 안전할 것으로 생각했다. 4월이 되어 벚꽃이 피는 계절, 어디론가 떠나라고 부추기듯 심장이 벌렁벌렁하기 시작했다. 마음 한구석에 밀쳐두었던 도쿄에의 열망이 스멀스멀 피어났다. 그 순간 기억은 날개를 달고 필름이 거꾸로 되감기듯 20대의 어느 날로 나를 데리고 갔다. 그 시절의 나는 도쿄에 가 보고 싶어서 얼마나 몸부림쳤던가?

일본에 가 보고 싶어서 일본에 관한 책을 읽고, 영화 〈러브레터〉를 보고 무슨 뜻인지도 모르는 영화 속 대사 "오겡끼데스까?"를 중얼거려보기도 했다. 『20대에 하지 않으면 안 될 50가지』의 저자 나카타니 아키히로의 책을 닥치는 대로 읽었다. 영화감독이던 이규형 감독이 그 당시 일본 문화에 대한 책을 출판했을 때는 매대에 진열되자마자 구매해서 읽었다. 저자 사인회까지도 쫓아다녔다. 내가 좋아하던 『미야자와 리에 사진집』을 통해 시노야마 기신 사진가를 좋아하게 되었고, 둥그런 안경에 콧수염이 눈길을 끄는 사진가 노부요시 아라키의 사진집을 보고는 호기심이 극에 달했다. 조성모의 '불멸의 사랑' 뮤직비디오에 나오는 삿포로의 눈 내리는 풍경, 그 속을 헤치고 달리는 전차의 모습, 미야자키 하야오 감독의 〈이웃집 토토로〉의 영상이 떠올랐다. 눈만 뜨면 일본의 브랜드, 소니, 파나소닉, 캐논, 니콘, 키티짱 등이 섞이고 섞여서 떠오르고 머릿속을 헤엄치고 다녔다. 그 순간, "맞아! 나, 도쿄 갈 거야!"라는 말이 튀어나왔다.

도쿄행을 결심하다

하지만 나에게는 당장 도쿄에 갈 돈이 없었다. 그래서 어떻게 하면 갈 수 있는지 아는 형에게 물어보았다. 우선은 자기가 알고 있는 유학원에 가서 상담해 보자고 했다. 이곳저곳 몇 곳의 유학원을 돌아다녀봤다. 내용은 거의 비슷했다. 일본어학교 비용과 초기 생활비용이 필요하다고 말했다. 나에게는 그럴만한 돈도 없을뿐더러 당장 내일 끼니를 어떻게 해결해야 할까를 걱정하는 위태로운 상황이었다. 이미 마음은 도쿄에 도착해서 생활하고 있었다. 그렇다면 초기비용을 벌어야 했다. 그러다가 신문장학생제도가 있다는 것을 알게 되었다. 생활비만 해결하면 어학원 비용은 신문사에서 지원해 주는 조건이었다. 초기비용이 좀 적게 들어간다는 것 이외에는 일반 유학과 별반 차이가 없었다. 도쿄에 갈 수만 있다면 내 심장이라도 전당포에 맡기고 싶었다. 도쿄에 가서도 무슨 일이든 시켜만 준다면 할 자신이 있었다.

2011년 5월에 비자를 신청했다. 제일 불안했던 건 현재 백수이면서 뚜렷한 직장경력도 없고, 저축은커녕 빚쟁이에 나이 또한 마흔 살이라는 것이었다. 그것 때문에 비자신청에서 떨어질 수 있다는 말을 담당자에게 들었다. 그래도 비자가 반드시 나올 것이라 믿으며 아르바이트를 시작했다. 마흔 살의 백수를 아르바이트로 채용해 줄 곳은 그리 많지 않았다. 그러던 중에 호텔 청소를 하면 숙식을 제공해 준다는 것과 나이가 많아도 써준다는 정보를 얻었다. 그게 어딘가! 일만 시켜준다면 무슨 일이든 할 각오가 되어 있었다. 인터넷에서 아르바이트 정보를 찾아서 호텔 청소원 모집에 응시했다. 그때 알았다. 호텔에 시트 깔아주는 일이 별도로 있다는 것을. 그리하여 시트 까는 일을 하게 되었다.

오전 10시부터 밤 12시까지 14시간을 일하고 숙식제공에 140만 원을 받았다. 휴일은 2주에 한 번이었다. 식사는 총알처럼, 휴식은 일하는 사이사이에 잠깐잠깐. 그렇게 빡빡한 하루 스케줄을 소화해야 했다. 구석구석 CCTV가 설치되어 있었다. 조금이라도 게으름을 피우면 개인 무전기로 무전이 날라 오거나 근처 인터폰으로 연락이 왔다. 할 일이 없으면 계단에 쌓인 수건과 잠옷 등을 정리하거나 복도를 쓸고 창문이라도 닦으라는 불호령이 떨어졌다. 그렇게 하루 이틀 지나면서 나는 악조건의 시스템에 적응해 가고 있었다. 숙소에 들어가면 바로 샤워를 하고 텔레비전이라도 볼라치면 졸음이 쏟아졌다. 그렇게 다람쥐 쳇바퀴 도는 듯 똑같은 하루하루가 반복되었다.

어느덧 9월, 드디어 비자서류가 통과되었다는 연락을 받았다. 날아갈 듯이 기뻤다. 벌써 빨간 불이 들어온 도쿄 타워 앞에 서 있는 기분이었다. 일본에 가기 전에 히라가나, 가타카나라도 외우려고 사놓은 독학 일본어책을 펼쳤다. 주머니에 암기 메모장을 넣고 다니며 틈틈이 외웠다. 그리고 잠자리에 들기 전 한두 시간이라도 책을 보려고 노력했다. 히라가나, 가타카나는 왜 그렇게 많은지 쉽게 외워지지 않았다. 공부는 이미 초등학교 때 포기한 나였다. 그래서 뒤에서 1등은 늘 내 차지였

한 번쯤 일본에서 살아본다면

다. 가끔 운이 좋으면 두세 명보다 앞서는 때도 있었다. 그럴 땐 꼴등끼리 서로 칭찬해 주기도 했다. 지금까지 살아오며 공부라곤 해 본 적이 없었다. 억지로 머릿속에 쑤셔 넣으려고 하면 할수록 그것들은 내 머릿속에 들어가기를 거부했다. 어떻게 들어갔다 한들 한쪽으로 들어가면 반대쪽으로 튕겨 나가 버렸다. 그렇게 흔적도 없이 히라가나와 가타카나님들은 100전 100패로 머릿속 지우개의 힘에 장렬히 도미노처럼 쓰러지셨다.

공부 방법을 바꿔보기로 했다. 책에 딸린 동영상이라도 보기로 했다. 예쁜 여선생님이 나와서 강의를 했다. 그냥 보고 있으면 되니까 무슨 말인지 몰라도 끝까지 보기로 했다. 뭔가 했다는 성취감은 남았지만 내용은 흔적 없이 사라졌다. 그래도 일본어를 해야 한다는 책임감에 교재에 딸린 동영상을 하루 1과씩은 보려고 노력했다. 마치 수행이라도 하듯이 끝까지 보고 반복해서 또 보았다. 일 끝나고 샤워하고 빨래하고 동영상하나 보고, 텔레비전 좀 보고 있으면 졸음이 밀려왔다.

혼자 일본어 공부를 하며 전쟁을 치르는 사이 어느덧 12월 19일 출국일이 다가왔다. 그래, 난 바보다. 그래도 괜찮아. 청소부들 사이에선 한두 달 버티기 힘들다고 소문난 악명 높은 호텔에서 6개월이나 견디느라 수고했다고 스스로 위로했다. 도쿄에 가기만 하면 그깟 히라가나, 가타카나쯤은 금방 외워지고 일본어 회화도 술술 잘하게 될 거라는 희망을 품고 비행기에 몸을 실었다.

나는 도쿄의 드림워커

도쿄다. 그토록 오고 싶어 했던 도쿄. 드디어 나리타공항에 도착했다. 꿈을 꾸고 있는 것 같았다. 정말 이곳이 도쿄란 말인가? 내 손등을 꼬집어보고 내 볼을 만져보기도 했다. 그렇다. 꿈이 아니었다. 정말 나는 도쿄에 도착해 있었다. 나에게 새로운 기회를 제공해 준 도쿄, 감사하다는 말이 절로 나왔다. 도쿄는 서울에서는 아르바이트조차 구하기 힘들었던 나에게 새롭게 도전하라며 손을 잡아주었다. 나는 일본어학교 2년을 거쳐, 현재 전문학교에서 가방디자인 공부를 하고 있다. 1년간의 신문 배달, 1년간의 주방 설거지와 호텔청소, 지금은 한류숍에서 2년 이상을 아르바이트하며 살아가고 있다. 나는 꿈이 있다. 그것도 한두 가지가 아닌, 많은 꿈이 있다.

한국에서는 직장도 없고 희망도 없는 마흔 살의 백수였던 내가, 도쿄에 와서는 '드림워커'가 되었다. 몇 가지만 공개한다면 나만의 꿈을 담을 수 있는 '꿈 가방'을 만들고 싶다. 또 일본 문화 전문가, 한일 문화 친선대사로 양국에 도움이 되는 사람이 되고 싶다. 그 외 동기부여가, 1인 기업가로서 자유인의 삶을 살아가고 싶다. 도쿄에 사는 기간이 길어질수록 꿈이 계속 늘어나고 있다.

지금 도쿄에서 살아가는 하루하루가 나에게는 도전이다. 그리고 앞으로 펼쳐질 나의 앞날이 가슴 벅차게 기대된다. 순간순간 최고의 나를 만나기 위해 오늘도 나는 달린다. 오늘보다 더 나은, 내일 존재하는 최고의 나를 만날 생각에 기쁨이 토네이도처럼 밀려와서 숨이 찰 지경이다. 꿈이 이루어지는 그 날까지 최선의 최선을 다할 것이다.

머뭇거리기에는 인생이 너무 짧다는 것을 깨달았다. 만약 20대에 도쿄에 왔더라면 내 인생은 또 달라졌을 것이다. 그때 머뭇거린 결과 어느새 40대가 되었다. 그래서 망설이는 누군가에게 나는 이렇게 말해 주고 싶다. 기회는 바로 지금이다. 미래도 바로 지금이다. 언젠가는 가겠지, 하겠지. 그 언젠가는 절대 그냥 오지 않는다. 바로 지금 행동해야 한다. 나 역시 도쿄에 오지 않았다면 아마 꿈도 없이 남이 시키는 대로 그럭저럭 하루하루를 버티며 살아가고 있었을 것이다. 하지만 이제는 내 인생의 운전대를 더는 남에게 맡기고 싶지 않다. 내 인생의 주인은 나다. 내가 가고 싶은 곳으로 내 생각대로 살아갈 것이다.

도전하지 않으면 실패도 없다. 실패는 실패하지 않는 방법을 알려주고 성공으로 가는 방법을 알려준다. 도쿄에 오기 전의 내 인생은 절망적이었지만, 도쿄에 와서 모든 것은 매우 희망차게 바뀌었다.

말 그대로 '도쿄 맑음'이다.

혈혈단신,
일본 워킹홀리데이에
도전하다

유아영

일본의 여름은 마쓰리ま っ り(축제)와 함께 시작된다. 일본에 처음 갔을 때는 한여름이었다. 그날, 일본에서 지내게 될 게스트하우스 건물 앞에 도착했다. 어찌나 덥던지 땀을 한 바가지는 흘린 것 같다. 떨리는 마음으로 인터넷 사진으로만 봤던 게스트하우스 문 앞에 섰다. 드디어 내가 일본에 온 건가…. 실감이 나지 않았지만 문을 열고 안으로 들어갔다. 북적거릴 거라는 예상과 달리 이상하리만치 조용하고 아무도 없는 게스트하우스. 큰 거실에 방이 세 개고 깔끔한 하얀색 벽. 전형적인 일본 가정집이었다. 안을 대충 둘러보고는 사장님이 오실 때까지 떨리는 마음으로 기다리길 20분. 갑자기 아무도 없다고 생각했던 집에서 방문이 벌컥 열리고 누군가가 거실로 나왔다. 까무잡잡한 피부에 딱 봐도 약간은 기가 센(?) 것 같은 젊은 여자가 나와서 일본어로 "아따라시이 스타후新しいスタッフ(새로운 스태프)?"라고 말하는데 대답은 해야겠고, 마음은 앞서는데 도저히 말이 목구멍에서 막혀 나오질 않았다. 간신히 "하이はい(네)."라고 대답하고는 계속 이야기를 이어가려고 해도 떨리는 마음과 딸리는 일본어로 입이 막혔.

그 여자 분이 게스트하우스 사장님이었다. 내가 일본어를 잘하지 못하니 한국말을 거의 못하는 사장님은 조금 곤란한 표정을 지었다. 나 또한 부담이 많이 되어서 그런지 초긴장 상태였다. 간단히 짐을 풀고 저녁을 먹고 그 날은 일찍 잠자리에 누웠다. 정말 별의별 생각이 다 들었다. '아, 집에 가고 싶다.' '일본어 진짜 바닥이다.' '얼른 열심히 공부해서 입이라도 떼자!' 이런 생각들로 머릿속이 가득 찬 채, 낯선 일본에서의 첫날밤은 깊어갔다.

게스트하우스? 뭐하는 곳인고?

나는 일본 게스트하우스에 일을 하러 간 것이었다. 솔직히 처음에는 '게스트하우스'라는 곳이 어떤 일을 하는 곳인지도 잘 몰랐다. 그냥 숙박하는 곳이라 생각했고 일은 단순할 것이라고 생각했다. 또 일본 생활 초기 자금도 줄이겠다는 생각으로 가게 되었는데, 역시 세상엔 만만한 것이 절대로 없다. 사장님 옆에서 오른팔처럼 일을 도와주고 있던 '유 군'이라고 불리는 일본인 남성이 있었는데 처음에 나는 유 군이 한국 사람인 줄 알았다. 아닌 게 아니라 부산 사투리를 한국 사람인 나보다 더 잘했기 때문이다. 그리고 이 둘이 일본말로 이야기할 때는 절대로 끼어들 수가 없었다. 물론 일본인끼리라 빠르게 이야기하는 것도 있었지만, 오사카 사투리로 대화를 하니 이건 정말이지 내가 아는 일본어가 이 일본어가 맞나 싶을 정도였다. 처음엔 80%는 못 알아들은 것 같다.

그래도 다행히 사장님의 설명을 못 알아들었을 나를 위해 유 군이 한 번 더 한국어로 설명해 줬다. 일본에 와서 직접 부딪혀 보니 말은 하고 싶은데 입 밖으로 나오지 않는 울렁증 같은 증상이 나에게 있다는 걸 알게 되었다. 단어나 어휘 실력도 많이 부족해서 말하는 중간에 휴대전화로 사전을 찾아보고 나서야 이해되곤 했다.

일본에 와서야 내게 부족한 점들이 드러나자 '한국에서 더 열심히 공부하고 준비해 올걸!' 하는 후회가 들었다. 그래도 밥을 먹는 것부터 모든 일상생활을 일본어로 하다 보니 울렁증은 조금씩 가라앉았다. 한국에 있을 때는 지루해서 일본어 공부 책도 오래 못 봤었다. 그런데 일본에 가서는 예전에는 관심 없던 일본의 J-POP에 흥미를 느끼게 되었다. 가사를 해석하면서 단어를 정리하는 방법은 일본어 향상에 가장 큰 도움이 되었다. 특히 가사를 일일이 해석해서 들어 보니 가사가 더 서정적으로 다가와서 노래를 듣는 즐거움이 몇 배 더 커졌다. 이렇게 해석하고 가사를 외운 노래들을 친구들과 가라오케에 가서 멋지게 불러보기도 했다. 또 TV에서 방영하는 일본 드라마를 보면서 다시 한 번 자막을 찾아서 공부했는데 이 방법도 일본어 실력에 큰 도움이 되었다.

사실 일본에 오기 전까지는 왜 내가 일본을 좋아하는지 나 자신도 그 이유를 잘 몰랐다. 애니메이션을 좋아하기는 했는데 소위 덕후(마니아)라고 말할 정도까지는 아니었고, 드라마도 재미있었지만 매일 찾아볼 정도로 푹 빠지지는 않았다. 그렇다고 일본에 좋아하는 아이돌 가수가 딱히 있었던 것도 아니었다. 고교 시절부터 일본에는 꼭 한 번 살아보고 싶다고 막연하게 생각했다. 일본에서 사는 내 모습을 떠올리면 괜스레 가슴이 두근거리기도 했다. 사실 일본에 오기 전에는 일본에 아는 사람 한 명 없었다.

게스트하우스에서 일하면서 정말 많은 것을 배웠다. 한국에서 엄마가 해 주시던 모든 것을 여기서는 내가 직접 해야 했다.

한발 더 나아가 내가 게스트하우스의 관리자였기에 손님들이 쓴 안내 책자와 쓰고 난 컵 치우기, 체크아웃 후의 이불 정리와 세탁 등 해야 할 일들이 많았는데, 원래 하지 않던 집안일(?) 아닌 집안일이라 처음에는 요령도 없고 무척 힘들었다. 더군다나 날씨는 일본에서 제일 더운 7월이었고 습도가 엄청나서 땀띠까지 생겼다. 그래도 사장님께서 나를 딸처럼, 동생처럼 여겨서 하나하나 친절하게 가르쳐 주셨고, 많이 배려해 주셨다. 요리도 수준급으로 잘하셔서 오히려 한국에서보다 잘먹어서 살이 찔 정도였다.

이런 사장님 밑에서 일한 덕분에 나도 처음부터 다시 배운다는 생각으로 가르쳐 주시는 그대로 열심히 따라 했더니 언젠가부터 청소 정도는 아주 쉽게 할 수 있었다. 사장님도 내가 일이 익숙해지자 신뢰해 주셔서 좀 더 책임감 있게 일할 수 있었다. 사장님은 일반적인 일본 사람과는 조금 다른 성격이셨다. 오사카 사람이라 그런지 몰라도 굉장히 농담과 장난을 좋아했다. 친숙한 한국 언니 같았던 게스트하우스 사장님 마이코상! 한국에 돌아온 지금도 보고 싶을 때는 연락을 주고받는다.

오사카에 온 지 일주일도 안 되었을 때, 관광이라고는 오사카성밖에 안 가 본 오사카 초짜인 나에게 오사카에서 꼭 가봐야 할 곳이 어디인지 손님이 물어보았다. 아는 곳이 없으니 어떻게 설명을 해 드려야 하나 너무 곤란했다. 잘 몰라서 어버버거리곤 해서 손님께 죄송하기까지 했다. 그런 일이 있은 후, 다음부터는 물어보는 손님들께 일본 사람들만 아는 진짜 맛집을 소개해 주고, 진정한 일본을 느낄 수 있는 이자카야(일본 선술집), 그리고 여행서적에는 나오지 않지만 나도 좋아하고 누구든 좋아할 만한 오사카의 관광지를 많이 알려주자는 결심을 했다.

원래 사람들을 만나 이야기하고 함께 시간 보내는 걸 좋아한다. 한국에서는 또래 친구들이나 비슷한 상황에 있는 사람들만 만나는 우물 안 식 만남이었다. 하지만 게스트하우스에는 국적, 직업, 나이, 성별이 다른 다양한 배경을 지닌 사람들이 모여든다. 모두 여행이라는 공통점을 가졌기에 쉽게 하나가 되어 다양하고 많은 대화를 주고받을 수 있었다.

친구와의 수다와는 다른 차원의 대화였다. 비슷비슷한 고민거리나 이야기가 아닌 인생을 조금 더 앞서간 선배의 말에 귀를 기울이며 세상은 넓다는 것을 다시 한 번 알게 되었다. 사람들은 저마다 다른 삶의 가치관을 따르고 있었다. 여행 온 이유, 자기만의 여행방식 등 이야기의 주제 또한 다양했다. 밤마다 저마다 다른 배경을 가진 손님들의 이야기를 들어주는 것도,

내 이야기를 들어주는 손님이 있는 것도 타지에서 나를 꿋꿋하게 버티게 해 주는 큰 위로이자 즐거움이었다.

내가 일본에 와서 집을 구해 혼자 살았다면 만나지 못했을 사람들이었다. 또 외국 손님들에게는 짧은 영어 실력 탓에 정말 손짓 발짓 다 써가며 의사소통에 애를 먹었는데 그래도 어떻게든 뜻은 통했던 것 같다. 이제는 웃으면서 이야기하는 추억이 되었지만, 영어를 좀 더 잘했다면 좋았을 걸이라는 아쉬운 마음은 있다. 하지만 다들 나를 좋게 봐주었는지 페이스북 친구도 맺어주고 이메일 주소도 서로 교환했다. 떠날 때는 선물도 주고 갔다. 이제는 모두 나의 소중한 인연이 되었다.

나만의 소소한 일상

게스트하우스에서는 10개월 정도, 그러니까 워킹홀리데이 기간(1년)의 대부분을 그 곳에서 보냈다. 매일 새로운 손님들과 똑같은 일의 반복, 거기다가 다른 아르바이트까지 했으니 그야말로 하루 24시간이 모자랄 지경이었다.

바쁜 생활이었지만 일본인들이 일상적으로 하는 취미생활을 꼭 해 보고 싶었다. 일단, 자전거 타기! 일본은 자전거의 나라라고 해도 과언이 아니다. 자전거 등록제와 자전거 전용 주차

시설도 잘 마련되어 있어서 안심하고 자전거를 탈 수 있었다. 일본에서 자전거 타기는 소소하지만 가장 달콤한 휴식이었다. 자전거를 타고 달리면 주변의 모든 풍광, 사람들, 거리가 눈에 들어온다. 시원한 바람, 공원의 풀냄새, 운동장에서 열심히 운동하는 사람들, 아기자기한 집들 그리고 일을 마친 후 집으로 돌아가는 길, 나를 맞아주던 노을.

아침 일찍 부지런히 움직이는 사람들, 길바닥에 아무렇게나 앉아 누가 지나가든 말든 책에 빠져 있었던 노숙자 아저씨도 기억에 남는다. 맞바람을 맞으며 거리의 모습을 구경하던 순간, '정말 내가 일본에 왔구나!'라는 기분에 푹 빠져들었다. 일본에 있는 동안 나의 발이 되어 주었던 자전거. 집에 돌아가면 항상 온몸이 땀에 흠뻑 젖었지만, 자전거 산책은 언제나 내게 기대 이상의 큰 선물을 주었다.

또 나의 일본 생활에 활력을 준 것은 바로 수영이다. 초등학교 시절, 어린이 수영부에 들었는데 실수로 풀장에 빠져서 물을 진탕 먹은 적이 있다. 그 후로 수영장이나 바다에 가면 줄곧 튜브를 끼는 맥주병 신세였다.

여름도 다가오고 뭔가 도전해 볼 만한 것이 없나 찾던 찰나, 집 바로 앞에 스포츠센터가 떡하니 있는 것이 아닌가! 평소에 물속을 자유롭게 수영하는 사람들을 보면 부럽기도 하고 나도 언젠가는 다시 수영을 배워서 멋지게 자유형으로 헤엄쳐야지 하고 생각했던 터였다. 당장 가서 등록은 어떻게 하는지 수업은 어떻게 신청하는 것인지 물어보고 수업 시간표와 요금표를 받아 왔다. 도전할 것이 생겼다는 사실에 가슴이 두근거렸다.

사실 일본에 있으면서 권태기가 찾아왔었다. 불안정한 나의 미래가 두려웠고 앞으로 무엇을 하며 살아가느냐는 고민이 가끔 두 어깨를 무겁게 눌렀다. 그런 복잡한 생각에서 잠시나마 벗어날 수 있는 도피처가 수영장이었다. 수영할 때만은 그 행위 자체에만 집중할 수 있었고 마음이 안정되는 느낌이었다. 그리고 일본 아주머니, 아저씨들이 나에게 친절하게 말을 먼저 건네주셔서 그 마음이 무척 고마웠다. 일본에 살면서 생각보다 일본 어르신들과 대화를 나눌 기회가 없었는데, 눈을 마주치면 먼저 인사해 주시고, 꾸준히 나온다며 칭찬도 해 주셨다. 운동이 끝난 후 집에 갈 때는 먼저 잘 가라고 인사해 주셔서 외할머니도 생각이 나고 괜히 기분이 좋기도 했다.

맛있었던 나의 오사카

일본에 가기 전, 오사카는 나의 관심 밖이었다. 특별한 애정도 기대도 없이 간 곳이었다. 그러나 1년 동안 살며 오사카는 정말 '나를 위한 맞춤 도시' 같다는 생각마저 하게 되었다. 눈이 즐겁고 입이 호강하는 오사카!

일단 오사카의 대표 먹거리, 지글지글 불판 위의 오코노미야키ぉこのみやき와 다코야키たこやき! 그리고 간장에 푹! 찍어서 먹는 달짝지근한 구시카쓰串カツ, 한겨울 손과 발이 차고 마음이 시릴 때 먹었던 사장님표 각종 나베なべ(일본식 전골), 따끈따끈한 우동! 돈을 아껴야 할 때 자주 먹던 요시노야yoshinoya의 규동ぎゅうどん, 한입에 안 들어가던 엄청난 크기의 신선한 스시すし(초밥), 사장님과 함께 손님이 없을 때 자주 갔던 집 앞 이자카야의 오늘의 추천메뉴들! 그리고 하루의 피로를 풀어주던 나마비루生ビール(생맥주)까지!

다 내가 사랑했던 음식들이다. 한국보다 음식 맛이 조금 더 짜기는 하지만 다 너무 맛있고 사랑스러운 음식들이다. 특히 집에서 직접 해먹던 오코노미야키의 맛은 잊을 수가 없다. 시중에서 파는 것보다 내용물을 충실하게 넣어서 만든 오코노미야키는 정말 최고였다. 맛있는 음식을 만들어 게스트하우스 손님들과 나눠 먹곤 했다. 좋은 사람들과 함께 먹은 음식을 떠올리면 그때의 행복하고 따뜻했던 기억도 같이 떠올라 마음이 훈훈해진다.

워킹홀리데이의 또 다른 장점, 여행

워킹홀리데이가 좋은 이유 중 하나는 바로 자유로운 여행이 1
년 동안 가능하다는 것이다. 고교 시절, 정말 여행에 대한 갈
망이 컸다. 여행 책을 찾아보거나 여행하고 있는 나를 상상하
는 것으로 공부만 해야 하는 답답함에서 잠시나마 벗어날 수
있었다.

오사카가 여행자들에게 좋은 이유 중 하나는 전철을 이용해
서 짧은 시간에 다른 지역으로 갈 수 있다는 점이다. 오사카
난바なんば를 중심으로 조금만 위로 가면 교토, 옆으로 가면
고베다. 특히 일본 문화의 정취가 가득해서 볼거리가 많은 교
토는 빼놓을 수 없는 관광지다. 그중 '아라시야마嵐山'는 벚꽃
과 단풍의 명소로 유명하며 산과 강의 풍광을 제대로 즐길 수
있는 장소다. 아라시야마의 전체적인 풍경을 감상할 수 있으
며 벚꽃 피는 봄에 가장 화려한 '도게츠교', 이국적인 느낌을
자아내는 대나무 숲으로 유명한 '치쿠린', 세계문화유산이자
지천회유식정원池泉回遊式庭園으로 유명한 '텐류지天竜寺(천룡
사)'는 빼놓을 수 없는 관광지다.

워킹홀리데이 기간에는 '열심히 번 돈으로 신나게 일본을 둘
러보자!'라는 마음으로 오사카 이외의 지역으로도 여행을 다

녔다. 후쿠오카의 '아이노시마相島'라는 섬은 내가 고양이를 좋아해서 보러 간 여행이었는데(아이노시마는 고양이 섬으로 유명하다) 가는 길은 험난했다.

지하철을 갈아타고, 역에서 내려서는 항구까지 걷고, 배를 타고 또 들어가야 했다. 배에서는 좀 편하게 가나 했더니 이게 웬일! 섬으로 들어가는 파도가 거의 바이킹 수준이라 뱃멀미가 너무 심했다. 그렇게 내가 사랑하는 고양이들을 맘껏 보고 싶다는 일념 하나로 어렵게 도착한 아이노시마섬! 배에서 내리자마자 반겨주는 고양이들은 사람을 전혀 무서워하지 않고 오히려 먼저 다가와 익살스러운 애교를 보여주었다. 고양이들의 애교에 뱃멀미로 메슥거리던 속은 다 잊어버리고 행복하기만 했다.

후쿠오카에서 머물렀던 게스트하우스에서는 일본인 여행자에게 일본에서 가 볼 만한 여행지를 추천해달라고 하자 일본 애니메이션 원령공주의 배경이 된 곳인데 풍경이 너무 아름다워 꼭 한번 가 보라고 말하며 '야쿠시마'라는 섬을 알려주었다. 야쿠시마에는 결국 못 가 봤지만, 사진으로만 봐도 너무 멋진 곳이었다. 나중에 죽기 전에는 꼭 찾아가 봐야겠다고 다짐했다.

워킹홀리데이 중에 여행한 곳은 후쿠오카, 오키나와, 도쿄였다. 3년 전 22살 때 2박 3일로 급하게 관광했던 도쿄와 시간과 여유를 가지고 산책하듯 둘러본 도쿄는 그 느낌이 많이 달랐다. 관광지만 돌아다녔을 때는 화려하고 다가가기 어렵게만 느껴졌던 도쿄. 하지만 이번에는 관광지보다는 쉴 만한 공원이나 카페 등을 찾아다니며 천천히 둘러봤다. 도쿄 사람들의 일상이나 소박한 풍경이 눈에 많이 들어와서 새로운 시각으로 도쿄를 즐길 수 있었다.

워킹홀리데이 기간 중 제일 많이 기대했던 여행지는 바로 오키나와였다. 오키나와는 워킹홀리데이를 가고 싶을 정도로 나의 마음을 사로잡았다. 오키나와 여행은 가족과 함께해서 더 즐거웠다. 숙소부터 관광까지 혼자 다 계획하려니 처음에는 막막했지만 여행을 준비하는 기간 내내 들떠있어서 힘든지도 몰랐다. 지금 생각해 보면 어떻게 그걸 다 준비했나 싶을 정도다.

단체 관광코스를 신청하지 않고 나만의 코스로 가족들을 데려가 안내했다. 맛집도 직접 일본의 최신 여행 잡지를 사 읽으며 일일이 정보를 수집하고 찾아가서 식도락을 즐겼다. 오키나와 여행으로 우리 가족만의 특별한 추억을 많이 만들 수 있어서 너무 뿌듯하다. 관광 다니면서 길도 많이 헤맸지만 지금 생각하면 그런 일조차도 모두 즐거운 추억이 되었다. 아직도 나에게 미지의 세계인 일본! 가 볼 곳이 너무 많아서 일본이라는 단어만 떠올려도 심장이 두근거린다.

에필로그

일본에 가기 전에는 여러 가지 생각도 걱정도 많았다. 일본에 가기 전부터 작가가 되고 싶다는 꿈을 가슴에 품고 있었다. 이곳저곳 돌아다니며 많은 경험을 쌓고 느낀 모든 것들을 풀어내 책을 내고 싶었다. 나에게는 아직 경험이 많이 부족하기에 견문을 넓히고자 떠난 곳이 일본이다. 일본어 공부도 재미있어서 일본을 선택함에 망설임은 없었다.

일본에서 제일 해 보고 싶었던 일은 일본 구석구석을 천천히 여행하는 일이었다. 있는 그대로의 일본을 많이 느끼고 만끽하고 싶었다. 처음 세웠던 목표를 이루고 와서인지 일본 워킹홀리데이는 나의 청춘의 아름다운 한순간이자 또다시 없을 도전의 경험으로 남아 있다.

한국에 있는 친구들도 일본에 많이 놀러 와서 내가 직접 관광지를 안내하고 여행책자에는 나오지 않는 맛집으로 데려가곤 했다. 같이 워킹홀리데이를 하던 친구들이나, 일본으로 관광을 온 게스트하우스 손님들도 어떻게 여행을 하면 좋을지, 어디가 맛있고, 어떤 계획을 세우면 좋을지 많이 물어봤다. 그때마다 아는 것들을 열심히 알려주고 같이 여행계획도 짜보았다. 내가 알려준 곳을 다녀와서 '재미있었다', '맛있었다'라고 말해주면 뿌듯하고 행복했다. '이렇게 재밌고 가 볼 만한 일본의 장소를 다른 사람들에게 전문적으로 알려주는 일을 해 보면 어떨까?'라는 생각이 들었다. 이렇게 시작된 새로운 나의 꿈은 개개인에게 맞춤 여행 계획을 세워주는 '여행 설계사'다. 일본 워킹홀리데이라는 도전이 새로운 목표를 만들어 준 것이다. 아직 이 '여행 설계사'의 꿈은 시작 단계이고 작가라는 꿈도 물론 포기하지 않았다. 앞으로 내 인생이 어떻게 될지 지금은 확실히 모르지만, 여행 설계사 일을 통해 행복과 보람을 느낀다면 분명 도전해 볼 가치가 있다고 생각한다.

일본 워킹홀리데이는 내게 무엇과도 바꿀 수 없을 만큼 소중한 경험을 선물로 주었다. 일본 워킹홀리데이의 추억은 영원히 내 가슴에 남을 것이다. 내가 받은 이 선물을 다른 사람에게 나누어 주는 일을 하게 될 그 날을 기다려본다.

한 번쯤 일본에서 살아본다면

식료품, 날짜 지났다고 다 버리지 마세요!
상미기한賞味期限과 소비기한消費期限의 차이

일본에는 식료품의 종류에 따라 날짜 표시 방식이 크게 두 가지가 있습니다. 어떤 것은 상미기한賞味期限이라고 적혀있고, 어떤 것은 소비기한消費期限이라고 적혀있습니다. 어떤 차이가 있을까요?

1. 상미기한賞味期限

주로 장기 보존이 가능한 통조림, 햄, 컵라면, 레토르트 식품 등에 표시된 기한입니다. 상미기한이라는 것은 이 날짜가 지나면 먹지 말라는 것이 아니라, 가장 맛있게 먹을 수 있는 기한을 뜻합니다. 기간 내에 먹어야 본래의 맛이 유지되어 맛있다는 것이지요.

그래서 상미기한은 날짜가 지났다고 해서 바로 버리지 않아도 됩니다. 연말이 되면 동네 슈퍼에서 상미기한이 얼마 남지 않은 제품들을 싸게 파는 세일을 합니다. 통조림의 경우는 적혀있는 날짜에서 1년이 지나도 괜찮다고는 하는데, 왠지 1년까지는 좀 그렇죠?

2. 소비기한消費期限

주로 단기 보존만이 가능한 회, 도시락, 반찬, 빵, 생면 등에 표시되어 있습니다. 주로 5일 이내에 상하는 음식들입니다. 말 그대로 적혀있는 기한 내에 '소비'하라는 뜻입니다. 소비기한이 적힌 제품은 날짜가 지나면 바로 버리는 것이 좋습니다.

소비기한이 적혀 있는 제품은 그 기한이 지나면 팔지 못하기 때문에 일본 슈퍼에서는 오후 늦은 시간부터 남은 시간에 따라 10% 할인, 20% 할인이라는 스티커를 붙입니다. 이것을 사려고 일부러 저녁 시간에 장을 보러 나오는 알뜰족들도 많이 있습니다.

한 번쯤 일본에서 살아본다면

2장

사랑하며
일본에 산다는 것

(Love in Japan)

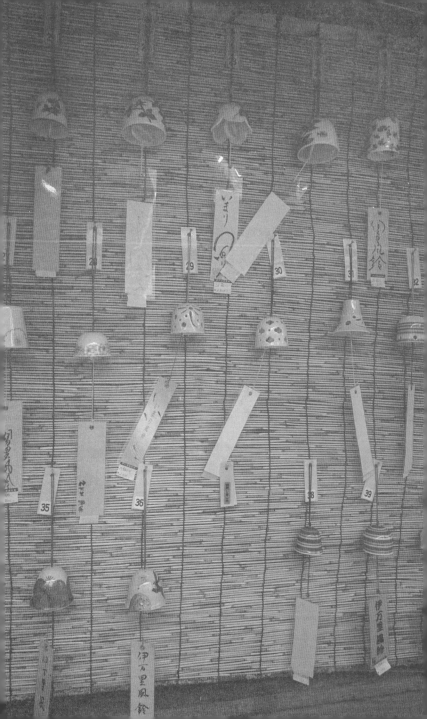

도쿄

일기

한아름

2003년 6월 25일, 나는 일본에 왔다.

2015년 10월, 나는 아직도 일본에 있다. 12년째 도쿄에서 생활하고 있는 나. 도쿄 생활은 작지만 소소한 행복을 가져다준다. 스무 살, 글로 쓰니 더 어리게 느껴지는 스무 살이라는 과거와 서른둘이라는 현재, 도쿄에서 큰 변화는 없지만 조금씩 성장하는 하루하루를 보낸다. 한국에 있던 시절, 스스로 경쟁사회에 적응하지 못했다고 나는 늘 뒤처졌다고 생각했다. 공부에도 큰 재미를 못 느꼈고, 그런 나를 엄마는 옆에서 묵묵히 바라봐주셨다.

그런 내가 유일하게 성취감을 느꼈던 것은 바로 일본어 공부였다. 일본어 공부를 하면서 점점 더 욕심이 생겼고, 자연스럽게 일본 유학을 준비했다. 짧고 강렬한 일본어학교 생활을 마치고 원하던 대학에 생각보다 쉽게 입학할 수 있었다.

4년간의 대학 생활 중 대인 관계도 원만했고, 경제적으로도 여유롭게 부족함 없는 유학 생활을 보냈다. 소규모의 서클활동과 일본 아이들과 여행을 즐기며 보낸 순조로운 대학 생활. 대학 졸업 뒤에는 미국으로 유학할 예정이었다. 평범하지만 후회 없는 유학 생활을 보내고 싶었다. 그러던 어느 날 문득, 내게 다가온 새로운 인연. 난 연애를 시작했다. 일본에 온 지 4개월밖에 안 된 스웨덴에서 온 스무 살 아이였다. 제대로 된 일본어를 구사하지 못했던 순박한 시골 아이와의 연애는 졸업 논문으로 짜증 가득했던 하루하루에 맑은 바람을 불어넣어 주는 쉼터와도 같았다.

일본어 교육을 전공한 나는 초보자에 대한 전문적 이해와 같은 외국인으로서 내가 습득한 요령으로 그 아이에게 일본어를 가르치며 항상 함께했다. 그렇게 5개월여의 시간이 흐르고 원래 계획했던 졸업 후의 영어권 유학 계획은 한국에 계신 엄마의 건강 악화로 취소되었다. 한국으로 귀국했지만 1년 반 동안 한국과 일본에서 떨어져서 그와 계속 사귀었다. 전문학교에 입학해 바쁜 생활 속에서도 매일 저녁부터 잠들 때까지 나와 전화로나마 많은 이야기를 나누려는 그의 모습은 '신뢰' 그 자체였기에 원거리 연애가 그리 힘들지 않았다. 우리는 그렇게 1년 반이라는 시간을 보내고 불안감이 아닌 꼭 다시 함께 하자라는 마음을 한결같이 가지고 있었다. 그리고 우리의 희망은 현실이 되었다.

형식적인 결혼보다는 혼인신고로 우리는 부부가 되었다. 내 나이 스물여섯, 그의 나이는 스물하나, 우린 서로에게 너무나도 필요한 존재였다. 그리고 나는 다시 일본으로 갔다.

나의 신혼 일기

2009년 9월 2일, 다시 돌아온 일본은 마치 생전 처음 온 것처럼 새로움에 가득 차 있었다. 그 새로움에는 부족함 없이 보낸 유학 생활과는 전혀 다른 삶도 포함되어 있었다. 스물하나, 오직 꿈만 가지고 스웨덴에서 일본으로 온 유학생 남편. 그와의 결혼 생활은 빈곤함, 하루하루를 버티기에도 힘들고 바쁜 생활의 연속이었다. 고생이라는 것을 해 본 적이 없는 나는 신혼 생활 내내 울기도 참 많이 울었다.

그와 함께한 뒤로 부모님으로부터 뒤늦게 완벽한 '자립'을 시도한 나는 독립에는 큰 책임감이 따른다는 것을 매일매일 가계부 속 숫자를 보며 느꼈다. 그의 도시락 싸기는 물론이며 절약하기 위해 외식도 없는 궁핍한 생활의 연속. 고등학교를 졸

업하면 '자립'이 당연한 스웨덴이기에 그도 역시 누구의 도움도 받지 않고 있었다. 그는 '학생이니까 가난한 게 당연한 거지'라며 버티고 나는 '가난은 창피한 것이 아니다. 다만 불편할 뿐'이라는 생각을 하며 하루하루를 힘들게 보냈다. 친구들과의 모임에도 참가할 수 없어 비참한 마음도 들었지만 언제나 둘이서 함께하고, 즐기고, 울고 웃으며 많은 시간을 함께했다. 3개에 100엔인 야키소바焼きそば를 사서 하루 종일 야키소바만 먹던 일, 아르바이트를 3개씩 하며 아픈 어깨와 허리로 고생했던 그 시간들. 그 작은 과거들이 지금 현재의 우리를 만들어준 것이다.

이제야 하는 이야기지만 스물한 살 성인 남자의 식욕은 정말 대단했다. 빈곤했던 결혼 초기에 가끔 외식을 했는데 그는 마음껏 배불리 먹지 못했다. 만족할 만큼 먹으려면 그만큼 돈을 더 써야 했다. 그래서 평소에도 좋아하던 요리를 직접 해서 그를 배불리 먹이기 위해 분발했다.

어렸을 때부터 엄마를 도와 요리를 하는 것을 좋아했다. 일과를 마치고 집에 오면 주변이 어둠에 깔리기 시작하고 난 저녁 준비를 시작했다. 좁은 부엌에서 요리하는 그 시간은 온전히 모든 정신을 집중하는 나만의 시간이기도 했다. 집 근처 저렴한 슈퍼와 야채 가게를 돌아다니며 장을 보고, 레시피를 찾아서 이것저것 음식을 만들었다. 저녁은 늘 함께였고 식사를 마친 뒤에는 언제나 고맙다는 말을 잊지 않으며 설거지를 해 주는 그, 정말 행복했다.

절약이라는 이름으로 다양한 요리를 할 수 있게 되어 좋았고, 집에서 한식, 양식, 중식, 일식, 베이커리 등 할 수 있는 요리는 거의 다 해 봤다. 그러다 보니 자연스럽게 '홈 파티'의 환경이 갖추어졌다. 일본에서 밖에 나가 밥 먹고 술 마시면 각자 5,000엔 정도는 써야 하는데 집에서라면 4인 기준 총 3,000엔 미만으로도 충분히 식사할 수 있다. 그리고 식사와 함께한 이야기, 행복한 시간과 공간은 덤이다. 나는 요리를 하고 초대받은 게스트들은 술을 준비하는, 우리 집의 작은 매너(혹은 룰)는 모든 이들이 이해하며 즐기는 방법이기도 하다.

꽃을 좋아하는 나를 위해 손님들은 작은 꽃도 잊지 않는다. 그 예쁜 마음도 홈 파티를 풍성하게 만든다. 최근 여러 잡지에서 억지스럽게 만들어낸 홈 파티의 모습이 부럽기도 하지만 지나치게 억지스러운 모습이 아닌 작은 공간이라도 시간을 들여 만드는 내 요리가 나는 좋다. 그는 그 날의 손님에 따라 음악을 고른다. 이런 자연스러운 우리만의 방법으로도 충분히 즐겁다. 누구에게나 결코 어려운 일은 아니라고 생각한다. 왜? 나도 가능하니까.

우리는 도쿄에서 둘 다 외국인

그가 스웨덴 사람이다 보니 우리의 문화적 차이가 결혼 생활에 미치는 영향에 대해 많이들 궁금해한다. 문화가 전혀 다른 그와의 생활에서 크게 힘든 점은 없었다. 그도 8년이라는 긴 시간 동안 일본 문화에 적응하며 모든 것에 수긍하는 생활을 해 왔다. 외국인이라는 특별함을 원하지도 않는다. 그렇지만, 그런 그도 일본에 처음 도착했던 날의 문화적 충격은 대단했다고 한다.

고층 빌딩을 도쿄에서 처음 본다는 스웨덴 시골 출신의 그에게 대도시의 모습은 아주 강렬하게 다가왔다고 한다. 스웨덴에 사는 그의 가족과 친구들이 일본에 놀러 오면 아직도 엄청난 문화 충격을 받고는 한다. 두부를 처음 먹고 놀라워하던 모습이 가장 인상 깊다. 두부를 먹은 뒤의 소감은 "입에서 녹아 버렸어!"라는 말 한마디와 아쉬워하는 표정이었다. 그 모습이 너무 웃겨서 몰래 웃기도 했다.

그의 스웨덴 친구들은 화려한 네온사인을 보며 멋있다며 사진을 찍기도 했다. 태어나서 처음으로 진짜 스시(초밥)를 먹어 본다며 흘러내리는 눈물을 닦으며 먹던 모습이 아이처럼 순수하다고 할까, 나에게는 매우 인상적인 모습이었다. 이 친

구들을 데리고 일본의 오래된 온천 료칸りょかん(일본전통여관)으로 여행을 갔을 때도 료칸 주인의 환대와 서비스에 일본어를 전혀 모르는데도 감동적이라며 다 큰 성인 남성이 울던 모습은 너무 재밌었었다. 거기서 멈추지 않고 료칸 주인의 손을 잡고 포옹하려 하자 료칸 직원들과 료칸 주인은 매우 당혹스러워했고, 나는 그들을 대신해 정중하게 사과를 하기도 했다. 이온음료인 포카리스웨트를 처음 마셔본 이들은 그 맛에 감동하여 여행 기간 중 포카리스웨트만 사 마시기도 했다.

비 오는 날 백화점이나 가게 앞에 있는 젖은 우산을 씌우는 일회용 투명 비닐에도 놀라워했다. 또한 비데 문화가 없는 유럽 사람들에게 비데는 미래의 기계라고 말할 정도로 신기함 그자체였다. 첫 비데 사용 시 버튼을 잘못 눌러 옷이 홀딱 젖어버린 일도 있다.

한국과 비슷한 면도 많기에 내가 너무 당연하게 느끼며 지내왔던 일본의 모습에 이들이 보이는 놀랍다는 반응을 보니, 어쩌면 이들을 통해 그동안 잊고 지내왔던 일본의 진짜 모습을 다시 발견하고 있는지도 모른다는 생각이 든다.

일본은 나의 나라도 아니고 남편의 아닌 제3의 나라다. 둘 다 일본에서 모국어 사용자가 아니기에 이곳에 살면서 긴장하게 되는 것 같다. 사실 내게 도쿄 생활은 한국과 별다를 것이 없어서 어느 순간부터 크게 자극이 되지 않았던 것이 사실이다. 그렇지만 처음 만나 일본어로 대화를 나누고 연애를 하고 신혼 생활을 보내고 현재까지 지내고 있는 이곳 도쿄는 우리 두 사람에게 너무나 소중한 장소다. 한국 혹은 스웨덴이었다면 어쩌면 둘 중 한 명은 모국이라는 생각에 긴장을 늦추며 안이한 생각에 빠졌을지도 모른다.

에필로그

작지만 긴장과 스트레스를 느끼는 도쿄에서의 생활이 서로에게 발전을 가져왔고 성숙할 기회를 만들어줬다고 생각한다. 이곳에서 모르는 문제를 해결하며 '우리 잘했지?'라며 뿌듯해하는 모습이 우리를 더 단단하게 해 주는 과제 같은 느낌이었다. 다른 환경, 언어, 문화 등으로 가끔 이유 없이 가슴이 먹먹해져 눈물이 흐르는 일도 있지만, 그것 또한 하나의 좋은 자극이라고 생각한다. 너무 익숙한 자극이라고 할까? 평범하지만 이곳에서 느낄 수 있는 현재의 삶을 우리는 즐기고 있다. 우리만의 방법으로 즐기는 도쿄, 나의 도쿄는 그와 함께여서 더욱 행복하다. 나의 도쿄 일기는 오늘도 계속된다.

나의 일본

러브

스토리

이장호

2009년, 일본 워킹홀리데이를 떠났을 때의 내 나이는 스물여섯. 사실, 연애하고 싶은 나이다. 내가 일본에 가기 몇 년 전만 해도 일본의 젊은이들은 한국이 어디에 있는지, 그리고 '안녕하세요'나 '여보세요' 같은 간단한 한국말도 전혀 몰랐다고 한다.

다행히 내가 일본에 갔을 때는 한참 한류가 뜨거운 시기였다. 욘사마의 겨울연가로 불씨를 만들고 동방신기를 통해 잠재력을 발산하면서 일본 아줌마들에게만 영향력이 있던 한류는 전염병처럼 젊은 사람들에게까지 퍼져 나가고 있었다. 문화콘텐츠, 드라마, K-POP, 쇼핑, 여행, 음식 등을 통해 한국과 일본이 같이 좋아할 수 있는 공통점들이 생기며 쉽게 일본인들과 친해질 수 있었다.

일본인과의 첫 연애

당시 료칸에 근무하며 혼자서 자주 놀러 가던 야키토리야(닭꼬치가게)가 있었다. 가게를 운영하는 카짱은 나보다 한 살 많아서 내가 한국말로 '형'이라고 부르며 굉장히 친해졌다. 자주 만나게 되면서 카짱 가게에서 같이 마시곤 했는데 어느 날 우연히 손님으로 온 일본 동갑내기 여자아이와 동석하게 되었다

이름은 히로코. 첫인상은 한국산 루이뷔통 양말을 신고 있는 모습에서 한국에 관심이 많아 보였고 화장법이라든가 금발인 모습이 일본 유명 여가수 하마사키 아유미 같은 분위기였다. 수수한 한국 여자와는 달리 화려한 모습, 그리고 나와 같은 나이라 관심이 갔다. 서로 궁금한 점에 관해 이야기를 주고받다가 어느덧 술자리가 무르익었다. 카짱이 가게를 일찍 마무리하고 2차 가서 한잔 더하자는 달콤한 제안을 했다. 그래서 즐거운 분위기를 좀 더 이어갈 수 있었다.

매일 비슷한 일상에 지루함을 느끼는 일본 친구들에게 나는 마치 외계에서 온 사람 같았을지도 모른다. 일본 친구들은 내

이야기가 비타민 같다고 표현하기도 했다. 서울의 맛집은 어디인지 한국 여자들과 일본 여자들은 어떻게 다른지, 정말 군대에 가면 총을 쏘고 북한군을 만나는지에 대해 끝없는 질문들이 이어지곤 했다. 한국에서는 당연하고 지루한 이야기가 일본에서는 색다르고 즐거운 이야기로 바뀌었다. 와인, 칵테일, 일본 소주 등을 섞어 가면서 이야기꽃을 피우다 술자리는 새벽까지 이어졌다.

새벽 2시, 다들 취해 술자리가 끝날 때쯤, 술 좀 깰까 해서 잠깐 밖에 나갔다. 도로변에 앉아 바람을 쐬고 있는데 그녀도 가게에서 밖으로 나왔다. 옆에 앉더니 취한 거 같다며 내 어깨에 머리를 기대었다. 추울 것 같아 내가 입고 있던 겉옷을 벗어서 입혀주자 일본 남자들은 이런 거 없다며 한국 남자들은 원래 이렇게 상냥하냐고 부끄러워하며 물었다. 그렇게 좀 더 서로에 관해 이야기를 나누고 다음을 기약하며 각자의 집으로 헤어졌다. 그리고 며칠 동안 휴대전화로 문자를 주고받다가 그녀와의 두 번째 만남을 가졌다.

그녀의 집 근처인 히메지성(영화 〈라스트 사무라이〉의 촬영 장소)에서 만났다. 겨울 달이 히메지성을 밝게 비추고, 개울에도 달은 아름답게 비쳐서 드리워져 있었다. 서로의 살아온 인생에 대한 이야기를 나눴다. 히로코의 부모님은 그 지역에서도 알아주는 부자였는데 교통사고로 두 분 다 돌아가셨다고 했다. 부모도, 형제도 없이 혼자 살아가다 보니 강한 성격이 되었는데 기가 약한 일본 남자들은 자신을 부담스러워한다는 솔직한 이야기도 해 주었다. 서로에 대해 더 잘 알게 되니 더 가까이 다가갈 수 있을 것 같았다. 그날 이야기를 들은 후 히로코가 왜 나에게 관심을 더 두게 되었는지, 왜 일본 사람이 아닌 나에게 호감을 느꼈는지, 조금은 더 알게 되었다.

우리들의 아름다운 시절

살아온 환경이 다르고 모든 것이 다르지만 호기심으로 시작된 인연은 활활 타오르기 시작했다. 쉬는 날이면 운전석이 반대여서 운전을 잘 못 하는 내가 면허를 딸 수 있게 운전도 가르쳐주고 그렇게 딴 면허로 운전해서 같이 쇼도시마섬에 놀러 가기도 했다. 그곳에서 같이 수영도 하고 폭죽놀이花火(하나비)도 했다. 사귄 지 22일째 되는 날, 한국은 기념일을 챙기지 않느냐며 22일 축하 케이크를 만들어주기도 했다. 벚꽃 피는 계절이면 친구들을 초대해 벚꽃놀이花見(하나미)로 야외 바비큐파티를 열기도 했다. 일본에 친구가 많이 없는 나를 배려해 동갑 남자친구들도 많이 소개해 주었다. 내가 그녀에게 정말 감동한 건 한참 일본에서 독감이 유행했는데 독감으로 혼자 고생할 때 작은 기숙사에서 침대 하나만 가지고 생활하던 나를 위해 1시간 거리를 달려온 일이다. 매일 약을 챙겨주며 며칠씩 간호해 주는 모습을 보며 이 여자는 분명 운명의 여자라고 느꼈다. 나에게는 최고의 여자친구였다.

그렇게 우리의 행복한 나날이 계속되었다. 8개월 정도 사귀던 어느 날, 갑자기 히로코가 나와 결혼을 하고 싶다고 말을 꺼냈다. 물론 나도 히로코가 좋았기에 당장에라도 결혼하고 싶었지만, 당시 나는 워킹홀리데이 비자를 가지고 있었다. 1년 안에 돌아가야만 하는 상태라고 말했더니 그녀는 그런 게 문제라면 결혼해서라도 결혼비자를 만들어 주겠다고 말했다. 하지만 워킹비자인 상태에서 결혼하면 결혼비자 때문에 접근했을 거라고 다른 사람들에게서 말이 나올 것 같았다. 그건 정말 싫었다. 내 능력으로 노력해서 취업비자를 받게 되면 그때 정식으로 멋지게 프러포즈를 하겠다고 그녀를 설득했다.

히로코 덕분에 난 일본 사람들의 생활에 좀 더 가까이 다가갈 수 있었다. 간코쿠징韓国人(한국 사람)보다 히로코 남자친구로 동네에서 더 유명해졌다. 한국 사람이다 보니 여기저기서 초대받는 일도 많았고 덕분에 많은 집에서 식사를 함께하기도 했다. 일본에서 일하면서 예쁜 여자친구도 사귀고 있는 나를 일본 사람들은 대단하다고 칭찬했다.

하지만 이별은 그렇게 다가오고…

그렇게 시간이 지나고 내가 일하던 료칸에 한국인 손님들이 많이 찾아준 덕분에 무사히 취업비자를 받았다. 이제 히로코와 더 행복해질 일만 남았다고 생각했다. 히로코에게는 비밀로 하고 이제 우리 결혼할 수 있다며 프러포즈를 준비한 날이 다가왔다. 화려하고 예쁜 것을 좋아하는 히로코를 위해 영화의 한 장면처럼 화려하고 멋진 프랑스 레스토랑을 예약했다. 그런데 그날 만난 그녀는 평소처럼 행복한 표정이 아니었다. 예전과는 좀 다르게 나를 보는 눈빛이 차가워져 있었다. 그녀의 마음이 변해버린 것일까? 내가 묻는 말에 퉁명스럽게 대답하며 그녀는 피곤하다고 집에 일찍 들어가야겠다는 말만 남기고 자리를 떴다.

그렇게 일찍 식사를 마치고 집에 왔을 때, 그녀에게서 문자가 와 있었다. 헤어지자는 내용이었다. 불안한 예감은 항상 빗나가지 않는다.

"わたし今はチャンホ君が好きじゃないみたい。 前とは違う。(나는 지금은 장호 군을 좋아하지 않는 것 같아. 전과는 달라졌어)"

지금은 나를 예전만큼 좋아하지 않는다는 말이었다. 떨리는 심장을 움켜쥐고 아무 생각이 없어졌다. 난 앞으로도 영원히 함께 있겠다는 마음 하나로 여기까지 달려왔는데…. 내가 그동안 잘못한 것이 없었나, 온종일 그 생각만 했다. 겨우 떨리는 손가락으로 문자를 보내서 그녀에게 한 가지만 물었다.

"俺と一緒にいててももう幸せじゃない?(이젠 나랑 있어도 행복하지 않아?)"

그녀의 대답은 '응'이었다. 장호랑 있으면 행복하지만 이제 남자로 느껴지지 않는다며 헤어짐을 청했다. 갑자기 일본에 있어야 할 목표가 사라졌다. 이젠 어떤 마음으로, 무엇을 목표로, 내가 왜 여기 일본에 있어야 할지 잘 모르겠다는 생각이 들었다. 며칠간은 일이 끝나면 술에 취해서 잠들기를 반복했다. 내가 왜 남자로 안 보이는지에 대해 몇 번이고 물었지만 돌아오는 대답은 '고멘네ごめんね(미안해)!'라는 대답뿐이었다.

헤어진 후, 일도 일본 생활도 나에겐 중요하지 않았고 기다리는 건 오로지 그녀의 돌아오겠다는 연락뿐이었다. 하지만 이젠 쿨하게 친구로 지내자는 그녀 말에 나도 쿨한 척 친구로 지내자고 대답했다. 히로코는 헤어진 지 얼마 안 되어 새로운 일본인 남자친구가 생겼고 그 상담을 듣는 것은 나에게 곤욕이었다.

세상의 슬픔은 혼자 다 가진 듯 너무 아파하니 주변에서 위로의 말을 많이 해 주었다. 힘들어하던 나에게 도움이 많이 된 일본 속담이 하나 있다.

나를 채용해 주셨던 료칸의 오카미상이 "장호 군, 일본 속담 중에는 이런 말이 있는데 들어볼래요? '넷시야스꾸 사메야스이'라는 말이에요"라고 말했다. 말인즉슨, '빨리 타오른 만큼 빨리 식는다'라는 뜻이었다.

그 말을 듣고 나니 어쩌면 시작할 때부터 끝은 정해져 있었을지도 모른다며 나 자신을 위로하게 되었다. 여자친구와의 아픈 헤어짐이 있었지만, 좋은 것도 좋은 거고 나쁜 것도 좋은 거라고 했던가. 난 그녀와의 행복한 추억을 어디엔가 남기고 싶어서 일본 블로그 믹시MIXI에 일기를 쓰기 시작했는데 많은 사람이 관심을 가졌다. 한국 사람으로서 어떻게 일본에서 일하게 되었는지, 어떻게 료칸에서 일하게 되었는지, 한국에선 어떤 일을 했는지 등을 썼다. 나라는 사람에 관해 점점 많은 일본 사람들이 궁금해했다. 그로 인해 많은 팔로워가 생기고 더 많은 일본 친구가 생기고 더 많이 내 이야기를 들어주는 사람이 생겼다. 나중에 오프라인모임도 생기면서 많은 사람이 내 이야기를 듣고 싶어 했고 나는 내 인생에 대해 자주 이야기를 하게 되었다. 그렇게 나도 자연스럽게 히로코를 잊고 새로운 만남도 갖게 되었다.

사랑은 추억으로… 하지만 후회는 없다

아직도 히로코와 왜 헤어지게 되었는지 정확히 알 수는 없지만, 가끔 히로코는 그때 우리가 계속 사귀었으면 결혼했을까, 라고 묻곤 했다. 하지만 지금 내 대답은 '아니, 우린 만약에 결혼했어도 금방 헤어졌을 거야'다. 현실적으로 일본에서 계속 살아온 평범한 일본 여자아이가 한국에서 생활하기도 어렵고 나 또한 일본에서 계속 생활할 자신이 없었다. 물론 일본 생활이 좋았지만, 부모님과 한국의 친구들이 항상 그리웠고 일본 말로 내 마음을 털어놓는 것에도 한계가 느껴졌다. 그 이후 귀국, 지금은 여행자에게 일본 료칸을 소개하는 일을 굉장히 만족하면서 열심히 하고 있다. 일본에서의 추억은 한편에 고이 간직한 채로…. 그리고 히로코와의 추억도 함께.

에노시마의
한국인 며느리

최나영

일본 며느리가 되다

일본에서 유학할 때만 해도 내가 일본인하고 사귄다는 것은
상상조차 못 했다. 아니, 설마 외국인하고 결혼할 거라고는 서
른두 살까지 생각지도 못했다. 그만큼 나에게 일본은 단지 언
어가 통하는 나라였을 뿐이었다. 유학 당시에도 돈을 벌며 공
부를 해야 했기에 일본어에만 집중, 일본이란 나라에 대해 정
확히 알려고 특별히 노력하지도 않았다. 그래서인지 더더욱
두렵게만 느껴졌던 국제결혼. 하지만 사람이 좋아져서 선택한
만큼 강한 의지를 갖고 결혼생활에 한 발을 내디뎠다. 그런 내
가 벌써 결혼 3년 차다.
남편은 같은 회사의 일본 본사 직원이었다. 회사의 일본 출장

을 그렇게 많이 다니면서도 지금의 남편과 대화를 해 본 적도 없었고, 상대가 나이도 너무 어렸기에 동생 같은 직원이라고만 생각했다. 이 사람과 어떤 인연을 맺을 거라고 상상이나 했겠는가? 하지만 이런 게 인연이란 걸까. 우연히 회사에서 같은 프로젝트를 진행하면서 동생 같은 동료 직원에서 이젠 어엿한 한 가정의 가장이자 나의 남편이 되었다.

그렇게 나는 일본 시어머니를 모시고 일본의 가정환경 속에서 사는 일본 며느리가 되었다.

아이 러브 자전거

내가 사는 곳은 도쿄에서 2시간 정도 거리에 있는 가나가와현의 쇼난이다. 바다와 자연을 만끽할 수 있고 일본 연예인들의 서핑 장소로도 유명한 장소다. 또한, 만화 슬램덩크 배경지로도 잘 알려졌다. 쇼난 중에서 '에노시마'라는 섬이 눈앞에 펼쳐지는 관광 중심지에 살고 있는데, 그래서인지 쇼난에 살고 있다고 하면, 일본 사람들로부터 부럽다는 얘기를 자주 듣는다. 하지만 나름 도시녀였던 나에게 쇼난은 관광지라는 이유로 불편한 점도 많다.

대표적인 문제점은 가까운 곳에 대형 슈퍼가 없어서 그나마 가장 가까운 곳까지 30~40분은 넘게 걸어가야 한다. 집 주변에는 편의점과 기념품 가게가 대부분이다. 운동이 되긴 하지만 장 보러 왔다 갔다 하는 사이에 지쳐버리는 일이 다반사다. 이런 나를 안타깝게 여겼는지 남편이 이곳에 와서 처음으로 선물해 준 것이 자전거였다.

자전거는 역시 일본 주부의 필수품, 특히 나에게는 신세계를 열어 준 존재다. 자전거족인 나에게 각 슈퍼마다의 특징을 조사하는 것은 하루 일과이자 취미이기도 하다. 슈퍼마다 요일별 할인 품목도 다르고, 제품의 할인 시간도 다르기 때문이다. 하루에 여러 곳의 슈퍼마켓을 돌아보는 등 생활비를 줄이는 데에 큰 몫을 하려고 노력했다.

결혼하며 일본으로 왔으니 어쩔 수 없이 10년 동안 다니던 회사를 그만두고, 이곳에 와서는 주부 겸 아르바이트생이 되었다. 그러기에 '알뜰'이란 단어를 항상 머리에 새기지 않으면 안 되었다. 물론 나도 모르게 어떤 날은 슈퍼마켓을 많이 돌아다니다가 예산을 초과하는 날이 생기기도 하지만 가끔은 그런 재미로 주부 생활을 만끽하고 있는 날라리 주부이다. 남편도 명품가방은 안 사줄 테니 슈퍼에서 돈 쓰라는 농담을 할 정도다. 남편과 시어머니는 열심히 슈퍼마켓을 돌아다니는 나의 체력에 혀를 내두르며 놀라곤 한다. 20대에 열심히 헬스 한 보람을 이곳 일본 에노시마에 와서 느끼다니!

그렇게 자전거는 대형 슈퍼를 편리하게 왕복할 수 있는 장점 뿐 아니라, 특히 교통비가 비싼 일본에서 교통비 부담 없이 골목골목 헤치고 돌아다닐 수 있는 재미를 알게 해 주었다. 주인이 직접 손으로 만들어 파는 작은 빵집, 울트라맨 커피숍(오래전 울트라맨에 출연한 배우분이 만든 카페), 주인이 직접 새벽에 낚시한 생선이나 해산물로 요리하는 가게, 에노덴 모양의 만주를 파는 가게, 집 창고에서 매달 한 번씩 열리는 프리마켓 창고 세일 등 개성 있는 모습을 만나게 되는 건 어쩌면 일본이기에 가능한 것이 아닐까. 덕분에 지하철 두세 정거장 정도의 거리는 자전거로 쉽게 다녀서 나의 다리는 코끼리 다리로 점점 변신해 가고 있다.

요즘은 아이가 태어나서 유모차를 가지고 다녀야 하니 자전거를 탈 기회가 줄어들었지만 갑자기 센티해지는 날, 특히 여름엔 꼭 밀짚모자를 쓰고 하와이안 롱원피스를 입고, 아기 띠를 매고 자전거를 타러 나선다. 풍경 좋은 바닷가에 돗자리 깔고 아기와 일광욕을 즐기는 순간, 주말의 시끌벅적한 관광지가 아닌 평일의 여유로운 나만의 관광지로 만들 수 있다는 것, 그것이 바로 이곳 에노시마에 사는 장점이 아닐까?

어찌 되었든 한국에서 몰랐던 한 가지. 자전거야, 고마워!

일본 요리? 한국 요리?

시어머니와 같이 살기에 부엌을 같이 사용하며 음식도 같이
해야 한다. 한국에서도 요리라고는 달걀 프라이밖에 할 줄 모
르던 내가 남편을 위해, 그리고 시어머니를 위해 요리를 해야
하는 상황이 올 줄은 몰랐다. 더구나 시어머니는 한국인 며느
리가 시집왔으니, 한국 요리는 맘껏 먹을 수 있을 거라고 착각
하셨나 보다. 하지만 그것도 잠깐! 첫날 정성스럽게 내가 만
든 김치찌개를 맛보시고는 맛있다고 해 주시기는 하셨지만,
조용히 반찬 없이 낫토에 밥을 비벼 드셨다지. 그 뒤로 시어머
니는 나에게 요리를 맡기지 않으셨고, 직접 요리를 손수 다 만
드시면서 나는 요리 조수로서 어머님의 요리강습을 매일 받
았다.

시어머니의 가정요리 메뉴는 부리다이콩ぶり大根(방어무조
림), 돈가스, 햄버그스테이크, 사케무니에르鮭ムニェル(프랑스
식 연어구이), 카레 등등 메인 반찬 한 개, 샐러드 같은 부반
찬 한 개, 국 종류 특히 미소시루みそ汁(된장국)와 밥 이렇게 4
가지는 꼭 상차림에 들어갔다. 한국에서처럼 냉장고에 김치며
멸치볶음이며, 내가 좋아하는 오징어채 무침 같은 밑반찬을
전혀 만들지 않으셨다. 가끔 다쿠앙たくあん(단무지) 같은 절

인 채소를 만들긴 하셨지만, 일상적인 메뉴는 아니었다. 그래서 처음에는 저장음식을 별도로 안 만드니 너무 편하다고만 생각했는데, 아니나 다를까, 매끼 새로운 반찬을 만들어야 한다는 압박이 하루하루 너무 크게 다가왔다. 주부들이 '오늘 뭐 해 먹지?'라고 고민하는 이유를 이제야 알게 되었다.

그러던 어느 날 어머님은 크림스튜를 만든다고 하셨다. 나는 샐러드를 담당하여 채소를 썰면서 혼자 속으로 오늘은 양식인가 하며 의아해했다. 그런데 밥과 된장국은 여전히 만드시는 게 아닌가. 이걸 어떻게 먹어야 하나 고민하며 지켜보고 있으니, 남편과 시어머니가 크림스튜를 반찬 삼아 밥을 먹고 계신 게 아닌가. 우르릉 쾅쾅! 사실 내게는 문화충격이었다. 크림소스에 밥을 같이 먹는다고? 상상만으로도 느끼해졌다. 하지만 배고픔을 달래기 위해서 어찌 됐든 먹어야 한다. 그래서 내가 선택한 방법은 김치! 우선 나에겐 김치가 필요했다. 한국 김치를 가족들이 잘 안 먹기에 대체품으로 달달한 일본식 김치를 사 놓았는데, 그 일본 김치로도 너무 행복했던 하루. 하지만 지금은 김치 없이도 크림스튜에 밥을 말아 먹을 수 있을 정도로 발전해 가고 있는 나. 역시 환경에 따라 사람은 변하나 보다.

하지만 음식에 대한 충격은 나뿐만이 아닌 거 같았다. 내가 한국 요리 '비빔밥'을 만든 날, 밥 위에 나물을 올리고, 고기를 올리고, 계란을 올리고, 고추장을 한 숟가락 탁! 나는 먹는 방법을 보여주려고 자신 있게 숟가락으로 퍽퍽 모든 재료를 섞어서 비벼가며 먹었는데, 남편과 어머님은 돈부리 먹듯이 나물이랑 밥이랑, 고기랑 밥이랑 나눠서 드신다. 그리고는 나를 희한하다는 듯 보더니 남편이 결국 한마디 꺼냈다. "그렇게 먹으면 너무 지저분한 거 아니야?" 나는 너무 놀라서 "비빔밥은 원래 이렇게 먹는 거야!" 했더니 남편이 덧붙인다. "그렇게 다 비벼버리면 재료가 뭐가 있는지 몰라서 맛없어 보이잖아~." 솔직히 나는 남편이 먹는 방법이 더 지저분해 보였는데 말이다. 하긴 일본인들이 카레도 비벼 먹지 않고 그냥 떠먹던데 그 이유가 여기 있었는지도 모르겠다.

그뿐만이 아니다. 남편이 "빵 좀 사와." 이랬을 때 내가 도넛이나 케이크류를 사가면, "이건 빵이 아니지."라며 놀라워한다. "그럼 그건 빵이 아니고 뭐야?"라고 물어보면 빵은 식빵과 프랑스 빵, 햄, 치즈, 달걀, 소시지 등이 들어가 식사 대용으로 먹을 수 있는 소우자이빵惣菜パン이 있고 초콜릿이나 팥소가 들어 있는 것은 오카시お菓子(과자)로 분류된다고 한다. "케이크류는 빵이 아니라 그냥 케이크지"라며 남편은 자세하게 알려준다. 나는 빵이란 발효를 통해 밀가루로 만든 음식의

대분류라고 생각했는데, 여기서는 소분류의 한 목록이었다니. 일본은 그만큼 구분이 자세하게 이뤄지고 있었던 것일까? 그제야 나는 어쩌면 나뿐만이 아니라 남편도 지금까지와는 다른 음식문화에 꽤 당황하고 있는지도 모르겠다는 생각이 들었다.

어찌 되었든 나는 일본 요리를 배워야 했다. 그리고 익숙해져야 했다. 지금까지는 어머니의 요리를 꼼꼼히 노트에 적어가며 배웠지만, 아직도 일본 가정음식을 먹어본 적이 많이 없어서 어떤 맛을 내야 하는지 잘 모르겠다. 맛에 대한 감각이 없는지 아무리 레시피대로 만들어도 혼자 만들면 그 맛이 안 난다. 요즘은 신랑에게 미래의 식탁을 위해 맛집을 소개해 달라고 꼬셔서 일본 가정요리집에 자주 방문하곤 한다. 물론 그건 핑계일 뿐, 요리가 귀찮아서이기도 하다.

아직은 떡볶이며, 순대며, 감자탕 같은 음식이 매일매일 그리운 나지만, 시간이 걸리더라도 열심히 시어머니의 요리 솜씨를 이어받는다면 언젠가는 멋진 일본 며느리가 되어 있지 않을까? 물론 한국 요리도 배울 기회를 만들어, 양국의 요리를 자유자재로 할 수 있는 며느리라면 한없이 좋겠다는 생각이 든다. 그럼 한국 요리는 가끔 한국 나갈 때 친정엄마한테 배워야 하나? 아니면 한국에서는 요즘 쉐프가 나오는 방송 프로그

램이 인기라는데, 그런 프로그램이라도 찾아보며 연습이나 해
볼까? 주부로서의 발전된 한 걸음 한 걸음을 위해 한국 요리
든 일본 요리든 열심히 연습해야겠다. 양국 요리를 모두 자연
스럽게 만들 수 있는 그 날을 기대해 본다. 요리 달인, 멋진 한
국인 일본 며느리가 되는 그 날까지, 파이팅!

가족이 늘었어요!

결혼해서 3년 차에 아들이 태어났다. 처음 임신 사실을 알게
되어 병원을 찾았을 때의 기쁨은 말로 표현할 수가 없다. 나이
도 있고 주기도 정확하지 않아서 임신이 힘들 거라고 의사 선
생님도 말씀하셨는데, 생각보다 빨리 임신이 돼서 정말 기뻤
다. 누구보다 조신하게 임산부 시절을 보내려고 먹거리부터
마시는 물까지, 심지어 행동 하나하나 꽤 신경 쓰며 노력했다.
일본은 임신하면 임신마크가 달린 열쇠고리 같은 것이 구약
쇼区役所(구청)에서 나와서 그걸 달고 다니면 자리도 양보해
주고, 길거리에서 도와주기도 한다. 특히 초기에는 티가 나지
않아 임산부 혜택을 받기 어려운데, 이 열쇠고리 덕분에 일본
에서는 더 당당하게 다닐 수 있었다. 산부인과는 기본적으로
임신 말기까지는 일본에서 다녔지만, 출산은 꼭 한국에서 하

고 싶어서 중기에 한 번, 말기에서 출산 때까지는 한국 산부인과에 다녔다.

일본 산부인과에서는 항상 소변 검사와 초음파 검사만 하고, 의사 선생님은 아이가 건강하다는 말만 해 주시고 다른 말은 안 하셨다. 한국에서는 기형아 검사라던가, 4D 입체사진이라던가, 다양한 검사들이 있어서 배 속의 아기에 대한 모든 것을 상세히 알 수 있다고 들었다. 그래서 임신 내내 꼭 한국에서 검사를 진행해야지 하며 중기에 한국을 방문했다.

역시나 소문에서처럼 한국 산부인과는 우리 아기의 손가락 발가락이 몇 개인지, 장기의 위치가 어떻게 성장하고 있는지, 앞으로 어떤 성장이 이뤄질 것인지까지 상세하게 알려주고, 사진도 다양한 각도에서 찍어주었다. 심지어 동영상까지 촬영해서 건네주었다. 그동안 가려웠던 곳을 긁어주시는 것처럼 어찌나 개운한지! 한국에서의 출산에 대한 신뢰도가 점점 높아졌다. 그러면서 기형아 검사도 진행했다. 선진국인 일본보다 한국의 병원 시스템이 이렇게 더 훌륭하다니, 놀랍지 않을 수 없었다.

그런데 집에서 기형아 검사 결과를 기다리는 2주 동안, 갑자기 이상한 기분이 들었다. 일본에선 무조건 괜찮다고만 하고, 몸무게가 많이 늘지만 않도록 조심하라는 이야기 정도만 들었다. 그래서 그냥 괜찮을 것으로 생각하며 마음 편히 지냈는데 한국에 와서는 '진짜 기형이면 어쩌지?', '이번에 병원에 갔을 때 이 검사를 안 해 주면 어쩌나?', '선생님이 오늘 갑자기 말이 없는 건 무슨 문제가 있는 건 아닐까?' 하는 오만가지 생각들로 고민이 깊어져만 갔다.

순간 옛 어르신들의 말씀인 '모르는 게 약'이란 말이 떠올랐다. 나중에 기형아 검사 결과가 정상이라는 문자를 받고 나니 남편은 안도의 한숨을 내쉬며 나에게 한마디 했다. "한국의 검사들은 왠지 사람을 초조하게 만드는 능력이 있어."

진짜 나도 어떤 시스템이 더 나은 것일까 하며 당시에 무척 혼란스러웠다. 초보 엄마와 아빠는 이렇듯 배 속의 아기 한 명으로 인해 '한국의 최첨단 IT 기술'과 '일본의 기본에 충실한 시스템'을 비교 분석까지 하며 소중한 아기의 탄생을 기다렸다.

그렇게 어느덧 출산의 날은 다가오고, 남편은 나에게 갑자기 고민을 얘기해 왔다. 한국에서 출산할 때 남편은 가족 출산에 참여하기로 했다. 일본에서도 요즘 '타치아이 출산'이라고 해서, 출산 때 남편이 적극적으로 참여하는 것이 유행하긴 하지만, 남편은 주변에서 출산을 같이했다는 얘기를 많이 들어보지 못했고 말도 통하지 않는 한국에서 가족 출산에 참여해야 한다는 것이 선뜻 내키지 않는 듯했다. 특히나 일본에선 하지 않는 탯줄을 자르고 핏덩이를 안고 씻겨야 한다는 한국의 시스템을 듣더니 마음 약한 남편은 점점 참가하길 거부했다. 아빠로서 당연히 해야 하는 일인데, 이렇게 무서워하다니! 남편을 군대라도 보내고 싶은 심정이 되었다.

그러나 막상 출산하러 들어갔을 때는 내가 진통하는 모습이 너무나 안타까웠는지, 덤덤하게 탯줄도 자르고, 아기도 씻기고 내 손발을 주물러주는 등 아빠와 남편의 역할을 충실히 다해 주었다. 역시 나에게는 하나뿐인 멋지고 소중한 남편이었다.

더불어 출산을 하고 나서 일본에는 없는 산후 조리원 시스템을 같이 체험하며 한국에서 출산하길 잘했다고 말하는 남편. 아기의 육아에 대해 잘 모르는 우리 부부에게 아기 키우는 방법도 알려준 산후 조리원은 큰 도움이 되었고, 지금은 그 덕에 거의 독박육아이긴 하지만, 남편도 육아에 가능한 참여하며 한 걸음 한 걸음 더 견실한 부모가 되어 가고 있다.

아들에게 보내는 사랑의 편지

태어난 나라인 한국과 자란 나라인 일본. 그리고 일본인 아빠와 한국인 엄마를 가진, 어쩌면 남들과는 약간 다른 삶을 살게 되는 우리 아들. 그런 아들의 입장에서 지금의 상황을 어떤 식으로 이해하며 자라나게 될 것인가 하는 생각을 많이 한다. 특히나 요즘처럼 신문과 방송에서 한국과 일본이 서로를 비판하고, 오해하는 방송들이 쏟아져 나오고 있으니, 나에게는 이런 상황들이 앞으로 나의 아이에게 어떤 결과로 비칠 것인가, 고민이 아닐 수 없다.

하지만 다들 나에게 말한다. 이제는 단지 일본에 사는 한국인 며느리가 아닌 한 아이를 키우는 엄마라고. 한국과 일본에 대해 고민할 것이 아니라, 아이가 건강한 정신으로 튼튼하게 자랄 수 있도록 지지해 주는 것이 필요하다고. 그래, 그 말이 정답일지도 모른다. 아이가 자라나면서 혹시 그런 고민을 하더라도, 옆에서 힘이 될 수 있도록 응원하고, 앞으로 자기가 좋아하는 길을 선택할 수 있도록 격려해 주는 것, 그것이 어쩌면 내가 이곳에서 해야 할 일일 것이다.

아들아! 걱정하지 마라. 엄마와 아빠가 항상 옆에 있단다. 사랑해!

에필로그

사람들은 모든 시작에는 3년에 한 번씩 고비가 찾아온다고 말

한다. 지금 내가 그 고비를 겪어야 할 3년째 일본 생활이지만, 다행히도 짱구 닮은 아들과 함께 남들이 요즘 말하는 독박육아를 겪으며, 또 가끔이지만 통번역 아르바이트를 하면서 잘 지내고 있다. 어쩌면 예전보다 바쁜 일상 덕에 고비를 잊고 지내는지도 모른다. 오히려 일본에 처음 발을 내디뎠던 3년 전이 나에게는 지금보다 더 큰 고비였다. 앞으로 어떻게 살아가야 할지, 어떤 식으로 이겨내야 할지, 기대감보다 두려움과 걱정이 앞섰던 시절이었다.

하지만 이제는 내가 사는 이곳에서 좋은 사람들과 새로 사귀기도 하고 한국요리를 같이 해 먹기도 하면서 조금이라도 일본에서의 일상을 더 즐기는 방법을 알아가고 있다. 요리책을 보고도 2시간 이상 걸리던 일본요리가 이젠 한 시간이면 밥, 국, 반찬을 뚝딱 해낼 정도로 능숙해지기도 했다. 더불어 운전석이 반대인 이곳에서 운전도 익숙해져서 먼 곳은 자전거가 아닌 차로 드라이브도 다니게 되었다.

물론 이렇게 지내기까지는 신랑이 해 준 조용한 도움들이 있었다. 나이는 나보다 어리지만 언제나 계획적인 성격으로, 앞으로의 방향성을 적절한 시기에 제시해주어 내가 오히려 방황하지 않고 뒤따라 갈 수 있도록 도와준 믿음직한 남편. 심지어 지금은 아들 바보가 되어, 우리 가족이 느끼는 순간순간의 작은 행복을 일깨워주는 고마운 존재다.

그리고 마지막으로 나에게 힘이 되어 주는 한국의 부모님. 외동딸을 국제결혼 시키고 쓸쓸하심에도 불구하고 "너만 건강하고 행복하면 되니까 우리는 걱정하지 말라" 항상 말씀하신다. 이 기회를 빌려 감사하다고 사랑한다고 언제나 건강히 지내시라고 전하고 싶다.

이렇게 사랑하는 사람들이 내 곁에 있기에 앞으로도 나는 일본에 사는 한국 며느리, 이곳 에노시마의 며느리로서 한 걸음씩 더 성장해 나가도록 노력할 것이다.

일본은
나의 운명

김은정

영국 런던으로 국제 가출

나의 젊은 날의 도전은 영국 런던에서 시작되었다. 20대 초
반, 어떤 일을 하며 인생을 살아갈지 망설이던 때, 아는 언니
두 명과 엄마와 함께 약 2주간 유럽으로 배낭여행을 떠났다.
유럽을 여행하며 영어의 중요성을 실감한 나는 여행 후 1년간
아르바이트하며 돈을 모았고 영국 런던으로의 국제적인 가출
을 감행했다.

집에 편지 한 장 남겨놓고 영국행 비행기에 몸을 실었다.
1994년 11월이었다. 먼저 배낭여행 때 머물렀던 유스호스텔
에서 며칠간 지내며 런던에서 살 집과 학교를 알아보았다. 런
던에 온 지 한 달 후부터 아르바이트도 하고 학교도 다니며 약

6개월을 보냈다. 그러던 어느 날, 우연히 히스로 공항에서 만난 스페인 친구의 소개로 호텔학교에 등록, 2년간 학교에 다니며 영어도 공부하고 영국 국가 조리사 자격증도 취득했다. 그리고 취직을 해서 일본으로 가게 되었다.

어렸을 때부터 일본어와 일본 문화에 관심이 많았던 나는 일본 회사 기숙사에서 2년간 머물며 일본 친구들과 함께 생활했다. 덕분에 자연스럽게 일본어를 습득하게 되었고, 그때 일본어는 물론 J-POP, 일본 음식, 일본 문화에 대해 많이 알게 되었다.

그 후 한국에서 일본 무역회사에 취직해서 근무하기도 하고 영어를 가르치기도 하며 바쁜 나날을 보냈다. 하지만 불현듯 다시 영국에 대한 그리움이 꿈틀거리기 시작했고 세 번째로 영국 런던 히스로공항에 다시 발을 내딛게 되었다. 영국과 나는 깊은 인연이 있는 듯하다. 왜냐하면 영국에서 운명처럼 지금의 일본인 남편을 만나 결혼하게 되었기 때문이다.

런던 지하철 안에서의 첫 만남 그리고 프러포즈

런던 지하철 안, 우연히 내 옆에 앉아 일본어로 이야기를 나누게 되었고 그 사람은 다음 날 스웨덴으로 돌아가기로 되어 있었다. 나는 용기를 내서 메일주소를 물어보았고 그때는 그렇게 아쉽게 헤어졌다. 한 달 후 내가 메일을 보내게 된 일을 계기로 스페인에서 지내고 있던 나와 스웨덴에서 생활하던 그와의 6개월간의 장거리 연애가 시작되었다. 그리고 런던에서 다시 두 번째로 만난 날, 그가 프러포즈를 하고 우리는 결혼을 약속했다.

결혼 전, 한국에 가서 부모님께 그 남자를 결혼할 남자라고 소개했더니 부모님은 무척 기뻐해 주셨다. 일본 남자라고 반대하실 줄 알았는데 흔쾌히 결혼승낙을 받았다.

일본은 나에게 참 운명 같은 나라다. 제일 처음 해외여행으로 오게 된 곳도 일본 오사카였다. 영국 유학을 마치고 일본 아시야(효고현)에서 2년간 일하며 일본어를 익히고 일본의 문화와 음식을 접하게 된 것도 마치 그 남자를 만나기 위한 준비된 과정처럼 느껴졌다. 우리는 교토에 있는 성당에서 친한 친척 몇 분과 친한 친구 몇 명만을 초청한 간소한 결혼식을 올렸다. 한복을 입은 우리 가족들과 기모노를 입은 신랑 가족들이 하나가 되어 단체 사진을 찍고 우리는 평생 함께 살 것을 맹세했다.

교토에서 시작된 신혼 생활 그리고 출산

결혼식을 올린 후 교토에 있는 시댁에서 신혼 생활을 시작했다. 아들만 둘을 두신 시부모님은 멀리 한국에서 시집온 며느리를 딸처럼 예뻐해 주셨다. 시부모님이 바라시던 임신도 순조롭게 하고 꼭 출산할 때 옆에 있고 싶다는 남편의 바람으로 일본에서의 출산을 결정했다. 남편이 교토에 있는 유명한 조산원을 찾아서 그곳에서 출산하기로 했다. 임신한 후 나보다 더 많은 출산과 육아에 관한 책을 읽은 남편은 가능하면 집처럼 편안하고 자연스럽게 출산할 수 있는 조산원이 출산에 가장 적합하다고 생각한 듯하다.

드디어 출산예정일이 다가오고 12월 24일 크리스마스이브에 진통을 시작했다. 조산원으로 급히 가서 하루를 지냈지만 진통이 느리게 진행되어 조산원과 계약을 맺고 있는 교토 아다치 병원으로 이동하게 되었다.

나흘간의 진통 끝에 12월 28일 결국 제왕절개로 첫째를 낳았다. 아다치 병원은 교토에서도 꽤 유명한 산부인과로 수술실에 남편과 아이들도 들어갈 수 있다. 아기가 뱃속에서 나올 때 가족들이 함께 출산의 기쁨을 나눌 수 있어 좋았다.

시가현에 마이홈 구입, 꿈에 그리던 전원생활 시작

시댁에서 같이 지내며 1년여가 지난 어느 날, 우연히 신문 전단지에 소개된 전원주택을 보러 가서 바로 집을 사게 되었다. 일본은 주택론으로 집을 사는 게 일반적이고 35년론이 보편적이지만 우리는 25년론을 계약하고 지금의 집을 사게 되었다.

시가현滋賀県에 있는 전원주택은 근처에 일본에서 제일 큰 비와코 호수가 있고 바로 뒤에는 히라산이 있어 자연경관이 빼어나며 집에서 걸어서 3분 거리에 온천이 있다. 비록 남편이 교토까지 출퇴근하는 데 왕복으로 3시간 정도 걸리지만, 이런 좋은 환경 덕에 남편도 무척 만족하고 있어서 통근 거리는 아무 문제가 되지 않았다. 큰딸이 태어나고 생후 10개월 때 이사를 해서 시댁으로부터 독립했다. 그 후 둘째 아들, 셋째 딸이 태어나 식구도 다섯 명으로 늘었다.

둘째가 태어나고 만 한 살 때 집에서 영어 홈스쿨을 시작하기로 하고 ECC 영어 홈스쿨 회사와 계약을 했다. 연수받을 때, 그리고 일주일에 세 번 레슨이 있을 때마다 시어머니께서 일부러 우리 집에 오셔서 아이들을 봐주셨다. 시어머니와 남편의 전폭적인 지원으로 8년째 아이들을 가르치고 있다. 물론 일본어로 연수를 받고 일본어로 부모님들과 상담해야 해서 처음에는 어려운 점도 많았다. 지금은 점점 노하우가 생기고 경험도 쌓이면서 아이들을 가르치는 일이 진정으로 보람되고 소중하게 생각된다.

자율적으로 생각하고 자립심을 길러주는 일본 유치원

첫째 아이와 둘째 아이는 일본 공립 유치원을 졸업하고 공립 초등학교에 다니고 있고 셋째는 현재 공립 유치원에 다니고 있다. 셋째가 다니는 유치원은 날씨가 좋으면 오전 중에는 운동장에서 좋아하는 놀이를 선택해서 노는 게 일과이다. 연극을 하거나 음악회를 할 때도 선생님이 아이의 의견을 최대한 존중해서 역할을 정하거나 악기를 선택하게 해 준다. 어릴 때부터 자율적으로 생각하게 하고 자립심을 길러주어 만족스럽다. 아이가 다니는 유치원에서는 히라가나나 가타카나를 가르치지 않는다. 초등학교에 들어가면 처음부터 히라가나를 배우기 때문에 굳이 가르칠 필요가 없다. 대신 선생님들이 그림책을 많이 읽어 주면서 자연스럽게 글을 읽을 수 있게 도와주신다.

공립 유치원이라서 일본 엄마들이 대부분이고 한국인 엄마는 나 혼자다. 올해 유치원 PTA(학부모 교사 연합회)의 부회장을 맡으면서 유치원의 일본 엄마들과 더 많이 얘기할 기회가 생기고 유치원의 행사에도 적극적으로 참여하게 되어 좋은 기회라고 생각된다.

시가현의 매력에 푹 빠지다

시가현은 일본에서 세 번째로 출산율이 높다는 통계가 나와 있다. 그만큼 젊은 세대들이 많이 거주하고 육아를 하기에 좋은 환경임이 틀림없다. 여름에는 비와코 호수에서 수영하고 겨울에는 스키를 만끽할 수 있는 자연환경도 시가현의 장점이라고 할 수 있다. 집에서 차로 10분 거리에 있는 비와코 밸리는 해발 1,000m 고도에 위치한 스키장으로 유명하다. 케이블카를 타고 올라가면 비와코 호수가 한눈에 내려다보여서 빼어난 전경이 감탄을 자아낸다.

비와코 호수의 자전거 일주도 유명한 관광 코스 중 하나다. 이런 자연환경 덕분에 주위의 일본인 가족들과 함께 캠핑을 가기도 하고 낚시를 즐기며 주말을 보내는 것이 행복한 일상의 한 부분을 차지하고 있다.

주변의 문화유적지로는 일본의 옛 풍경을 그대로 간직하고 있는 오미하치만近江八幡을 비롯해서 히코네성彦根城이 유명하다. 히코네성은 시가현 히코네시彦根市에 있고 이이 나오쓰구井伊直継와 이이 나오타카井伊直孝라는 사람에 의해 약 20년 동안 공사를 해서 1622년에 완성되었다. 일본 중요문화재로 국보 천수각을 보전하고 있다. 1994년에 유네스코 세계 문화유산으로 등록된 히에잔比叡山 엔랴쿠지延暦寺도 추천하고 싶은 곳이다. 히에잔은 산 전체가 세계문화유산으로지정된 것으로 유명하다.

저축과 보험으로 미래를 준비하는 일본

남편은 교토의 국립대학에서 연구직으로 있으며 대학원생들을 지도하고 있다. 일반 회사와 비교하면 안정적인 직장이지만 미래를 위해 저축과 보험은 필수이다. 국민연금과 건강보험은 한국처럼 월급에서 공제되고 개인적으로 생명보험, 세 아이의 학자금 보험, 자동차 보험 그리고 노후 대비 연금 보험도 따로 들고 있다.

일본은 주택론을 빌릴 때 화재 보험은 필수로 들게 되어 있는데 얼마 전에 보험의 필요성을 절실하게 느끼게 된 사건이 있었다. 올해 7월, 내가 집을 비운 사이 남편이 가스 불 위에 기

름을 올려놓고 아이들과 함께 외출을 해버려서 화재가 발생
했다. 부엌이 다 타고 집 안도 재로 새까맣게 그을어 내부 공
사를 새로 해야 했다. 화재 보험을 들어둔 덕분에 약 370만 엔
(약 3,600만 원)이라는 거액의 돈을 전부 보험회사에서 지급
해 주어 얼마나 큰 도움이 되었는지 모른다. 덕분에 새집에서
사는 것처럼 깨끗해지고 새로운 마음으로 생활하고 있다. 한
달에 남편 월급의 반 이상이 보험으로 지출되지만 만약을 위
한 저축이라고 생각하고 절약하며 생활하고 있다.

일본에서 산다는 것은

올해는 특히 광복 70주년이다. 일본에서 살아가는 한국인으
로 일본인의 아내로 많은 생각이 드는 한 해이기도 하다. 일
본인들은 히로시마와 나가사키에 떨어진 원자폭탄으로 인해
얼마나 많은 자국민의 목숨이 희생되었는지 언급하기 급급하
다. 일본이 식민지였던 나라들에 얼마나 잔인하고 끔찍한 일
들을 저질렀는지는 방송 매체로 전혀 알려주지 않으니 일반
국민은 잘 알지 못한다.

그런 일본이지만 내가 사랑한 것은 일본이라는 나라가 아닌
어쩌다 일본에서 태어난 한 남자다. 둘의 추억이 가득한 곳인

스웨덴처럼 호수가 있고 자연환경이 좋은 이곳에서 세 아이를 기르며 육아를 통해 많은 일본인 친구들과 교류하고 있다. 저절로 여기가 나의 삶 터, 제2의 고향이 되었다. 최근에는 '겨울 소나타'를 시작으로 K-POP으로 이어진 한류열풍 덕분에 친한 일본 친구에게 한국어를 가르치며 한국을 알리는 계기가 되기도 해서 뿌듯하다.

국제결혼을 한 부부로 11년간을 살았다. 서로 문화적 역사적 차이로 갈등하며 힘든 순간도 있었지만 11년간 쭉 자상하고 한결같은 남편 덕분에 어려운 일도 같이 해결하며 지금의 행복한 가정을 유지할 수 있어 감사하다. 앞으로도 남편을 신뢰하며 살아가고 세 아이가 주체성을 가지고 잘 자라주길 간절히 바라는 마음뿐이다.

일본은 나의 운명

일본에서
엄마로
자란다는 것

우유미

시작은 가볍게

"나 왜 여기 있지?"

어느 날 문득 거울 속의 내가 낯설게 여겨질 때가 있다. 어쩌다 여기 도쿄에서 이를 닦고 있는지 어리둥절한 기분이 들 때. 간단히 말하자면 시작은 작은 모험심이었다. 나와 아주 많은 면에서 다른 한 남자의 제안. "나와 결혼해 일본에 가겠니?"에 대한 답. 이 질문은 한 문장이지만 나는 동시에 여러 답을 내야 했다. 결혼할 건지, 질문자와 할 건지, 그래서 하던 일을 그만두고 떠날 것인지…. 다행인지 불행인지 그때의 나는 변화를 원했던 것 같다. 힘들긴 해도 즐겁다고 느꼈던 방송 작가 생활이 언젠가부터 버겁기만 했고 무언가 더 채우지 않으면 앞으로 나아갈 수 없다는 자신감 결핍 때문인지 그의 제안은 유난히 솔깃하게 들렸다.

서른을 맞아 꼭 쥔 주먹에 힘을 빼고 어디든 손을 펼치고 싶은 마음이었다. 게다가 그 나라가 한눈에 외모의 다름이 눈에 띄지 않고 2시간이면 되돌아올 수 있는 거리라는 것, 그리고 사랑해 마지않는 SMAP(스마프)와 무라카미 하루키의 나라, 신기한 자판기와 문구들, 쓸데없는 아이디어가 무궁무진 넘치는 나라라는 것도 용기를 낼 수 있는 이유 중 하나였다.

결국 평상시의 우유부단함과 조심성을 잠시 봉인해 두고 일본행을 감행했다. 도쿄 기타쿠의 허름한 작은 단지에서 시작한 신혼. 낡고 작은 아파트였지만, '일본 드라마에서 보던 풍경'으로 들어간 나는 모든 것이 만족스러웠다. 조용한 사람들, 소소한 일상, 소박한 풍경들이 이 나라는 안전하고 다정한 나라라는 인상을 주었다. 지금 생각해 보면, 가볍게 남편의 조금 긴 해외출장에 따라나선 기분이었던 것 같다. 잠깐 머물 곳이라고 여겼기에 생활인이라기보다는 호기심 많은 관찰자로서 생활했고 대단한 각오도 없었다.

3~4년 잠깐 쓸 것이니 무조건 싸고 작은 물건들로 꾸린 살림살이는 그야말로 소꿉놀이 장난감 같았다. 남편의 얼마 안 되

는 월급으로 적응되지 않는 환율을 따져가며 장을 보고, 틈틈이 여행자의 기분으로 작은 골목을 돌아다녔다. 서툰 일본어였지만 불편함을 느낄 일도 없이 일본인들은 타인에게 무관심했고 촘촘한 인간관계에서 벗어난 나는 자유로움을 느꼈다.

아이와 함께 옹알옹알, 유모차 시대

도쿄 생활을 시작한 다음 해, 첫 아이가 태어났다. 품에서 떨어지지 않는 아이와 홀로 씨름하던 시절, 하루가 무척 길고도 빨리 지나갔고 행복하고도 고됐다. 지금 생각해 보면 어떤 감정이든 최대치로 맛보면서 살던 때였던 것 같고, 그래서 어른들이 그 시기를 '가장 좋을 때'라고 하시는 것 같다. 아이의 옹알이를 받아주며 끝없이 기저귀를 갈고 젖을 물리던 그때, 한국에 있었다면 지칠 때 도와줄 어른들이 계시고, 힘들 때 또래를 키우는 친구들과 고민을 나눴을 텐데…. 서글퍼하고 있을 여유 없이 아이와 나의 생존을 위한 새로운 전투력이 필요했다.

여행자의 호기심만으로는 안 되는 생활의 무게감이 생긴 것이다. 대학 시절의 교양 일본어와 어학원 3개월 다닌 것으로

버티던 일본어 실력으론 아이의 예방접종도, 보육 수첩 기록도, 아동 수당 신청도 버거웠다. 아이의 친구, 마마토모ママ友(아이 엄마들 사이를 일컫는 말), 보육원 선생님들과 대화하면서 본격적인 실전 일본어와 마주했다.

이 시절, 책으로만 공부하는 일본어가 실전에서 얼마나 비루해지는가를 처절히 느꼈다. 예를 들면 나는 "장난감이 떨어져버렸어요."라는 문장을 "오모챠가오치떼시마이마시타玩具が落ちてしまいました"라고 연습했지만, 아이 친구들은 "오모챠오치짰다노おもちゃ、落ちちゃったの"라고 했다. 한국에 처음 여행 온 외국인이 택시 기사에게 "기사님, 저는 명동까지 가고 싶습니다"라고 말하려 애쓰지만 한국 사람들은 "명동요!" 하는 것과 같은 것이다. 아이를 키우면서 해야만 하는 일들이 늘어나면서 나의 일본어 실력도 점점 더 나아져 갔다.

역시 어디에 사느냐보다 어떻게 사느냐가 어학 실력을 결정하는 것이었다. 아이와 옹알이 대화만 하는 것은 자기 나라에서도 외로운 일이지만, 특히 외국에서 홀로 육아를 감당하는 것은 참 외롭고 고된 일이다. 아이와 함께, 아이의 속도에 맞추어 같이 배운다 생각하고 어찌 되었든 밖으로 나가야 한다. 아줌마다운 뻔뻔함을 장착하고 바깥에서 다양한 상황을 많이 접하는 것. 그것이 엄마가 외국어를 배우는 가장 좋은 방법인 것 같다.

또 한가지 일본어 공부에 도움이 된 경험은 한국어 공부에 관심 많은 일본인에게 한국어를 가르친 일이다. 한국어를 배우는 사람들이 다양한 나이, 성별, 직업, 취미를 가진 사람들이어서 수업도 대화도 즐거웠다. 2년 터울로 남매를 낳고 산후조리를 핑계 삼아 한국에 자주 들락거리느라 일본어 실력이 계속 제자리걸음 같은 느낌이 든 적도 있지만, 어느새 나는 일본에서 생활인이 되어가고 있었다.

야노 시호 교육법?!

요즘 한국에서는 한 방송을 통해 추성훈과 야노 시호의 외동딸 추사랑의 인기가 대단한 것으로 알고 있다. 최근 몇 년간은 K-POP, 드라마뿐만 아니라 예능 프로그램까지 챙겨보는 일본인들이 늘고 있어, 추사랑의 인기도 소문이 난 지 오래다. 야노 시호처럼 아이의 눈높이에 맞춰 지혜롭고도 단호하게 가르치는 일본 엄마들. 주변 일본 엄마들을 보면 어디 엄마 학교라도 졸업한 사람들같이 육아에 능숙하고 여유롭다. 아이에게 꼭 필요한 예의와 규율을 가르치면서도 크게 소리를 높이거나 흥분하는 것을 거의 보지 못했다. 어떻게 그렇게 차분하게 아이를 대할 수 있는지…. 엄마들도 유치원 선생님들도 아이들을 대할 때 아기를 달래는 말투로 대하지 않고 대화의 상대로서 인정하고 동등하게 대화한다. 불편함과 수고로움이 들긴 해도 위험하지 않은 일이라면 되도록 허용해 주고 보는 눈이 없어도 지킬 것은 꼭 지킨다.

특히 남에게 폐를 끼치는 것을 가장 꺼리는 문화이므로 언제 어디서든 사소한 것 하나라도 엄격하게 공공질서를 지키고 예의 바르게 행동하도록 가르친다. 식사 전에는 손 씻고 인사하기, 서툴러도 혼자 먹기, 다 먹은 후에는 인사하고 자기 그릇 정리하기 등 당연하지만, 소홀히 하기 쉬운 예절 항목을 하나하나 반복해 가르치는 것이다. (방송에 나온 야노 시호의 체크리스트는 아마 일본인들의 매뉴얼 문화를 잘 보여주는 예라고 보아도 무방할 것이다.) 한국에서 레스토랑 등에 노키즈존이 등장할 정도로 남에 대한 배려가 부족한 아이와 부모들이 많다며 '맘충'이라는 충격적인 신조어가 등장하는 요즘이기에 야노 시호의 육아법이 더욱 돋보였을 것이다.

사탕 하나를 나누어 줄 때도 상대 엄마에게 '주어도 되는지' 허락을 받고, 아이도 '받아도 되는지' 엄마의 허락을 먼저 구하는 모습, 혹은 아이 스스로 사양하는 모습은 '사양하는 것'을 오히려 '정 없다'고 여기는 한국인에겐 신기할 정도였고 작

은 선물 하나를 받아도 꼭 사례하는 모습은 지나친 거리감을 두는 것 같아 불편하기도 했다. 그러나 한국의 '정'도 일본의 '겸양'도 상대방과 잘 지내기 위한 방법이라는 점에서는 같은 것이리라. 같은 풀을 보고 한국에서는 강아지풀이라고 하고 일본에서는 네꼬노십뽀猫のしっぽ(고양이 꼬리)라고 하는 정도의 차이랄까?

느리게 사는 사람들, 느리게 자라는 아이들

한국과 일본을 오가자면 어떤 속도감의 차이를 느낀다. 한국은 모두 빠릿빠릿! 돌진하듯 걷는 느낌이라면 일본은 느릿느릿~ 산책하듯 걷는다. 노약자들이 많이 이용하는 일본의 버스는 한국인들에겐 답답하게 여겨질 정도로 느리고, 한국의 버스는 일본인들에겐 무서울 정도로 빠르다.

일본 엄마 중에는 아직도 2G폰을 쓰는 이들이 많다. 검소하기 때문인지 모르지만 스마트폰으로 바꿀 이유를 못 느낀다는 엄마들이 많다. 스마트폰을 가지고 있더라도, 엄마 바쁘니까 잠시 보고 있으라고 아이에게 스마트폰을 맡기는 경우도 거의 없다. 소학교(초등학교) 아이 중 많은 아이가 아직도(?) 주산과 붓글씨를 배우고 스포츠에 투자하는 시간을 아끼지

한 번쯤 일본에서 살아본다면

않는다. 아버지가 다녔던 학교를 아이가 다니고, 아버지가 했던 스포츠를 아이가 함께하는 것을 기뻐한다. 작은 것이라도 대를 이은 순환, 인생의 대물림을 아름답고 가치 있게 여긴다. 그래서 이사도 많지 않고 어릴 적 친구와 평생의 인연을 이어가는 사람들이 많은 것이다. 이 안정감이 일본만의 느긋한 속도감을 만들고 여유 있는 인생을 만드는 것이 아닐까? 일본인들이 작고 세밀한 것에 능력을 발휘하는 것도 이렇게 천천히 흐르는 시간을 활용한 덕이 아닐까 생각해 본다. 이런 속도감은 육아를 할 때도 마찬가지다.

내가 본 일본의 아이들은 대체로 자립심이 강했다. 그것은 부모가 아이들이 어릴 때부터 뭐든 직접 시도해 보고 실패도 경험해 보도록 하기 때문이다. "안 돼!"라고 열 번 말하기보다는 그 실패를 경험할 때 옆에서 지켜봐 주고 응원하고 격려해 준다. 여기서 중요한 점은 직접 도와주지 않고 기다려 주는 것이다. 서두름 없이 늘 같은 반복을 통해 배우도록 한다. 무엇이든 스스로 해내는 기회를 주고 느긋하게 기다린다. 유치원 아이들이 발표회를 할 때도 제 손으로 만든 어설픈 의상을 입고 요리 수업을 해도 자신들이 키운 채소를 이용한다. 애벌레 때부터 키운 나비를 함께 날리며 인사하고 매년 같은 나무에서 열리는 열매를 기다리는 아이들. 아이들은 자연의 속도에 익숙해지고 존조리丁寧に 자란다.

이 '존조리', 즉 '공손히'라는 말은 일본을 잘 표현하는 부사 중 하나가 아닐까 한다. 우리 부부도 이렇게 아이를 키우고 싶다. 아이가 주위 친구를 경쟁 상대로 보고 경주하기보다는 친구들과 함께 주위를 둘러보면서 산책하듯 살기를 바란다. 큰 목표를 이루는 것도 작은 일상을 성실히 반복하는 데서 비롯되는 것이라고 매일의 생활 속에서 깨달아 가기를 바란다.

아날로그 예찬

일본에서 엄마로 살아가기 위한 필수 능력을 꼽자면, '아이를 앞뒤로 태우고 자전거 타기'와 '손바느질'일 것이다. 한국처럼 자동차를 가지고 유치원 아이들을 배웅하는 경우는 거의 없다. 자전거가 일상화된 일본에서는 자전거에 아이를 태우고 다니는 부모들을 쉽게 볼 수 있다.

나도 길이 넓은 나고야에서는 자전거를 타곤 했지만, 도쿄의 좁은 골목길에서 아이를 앞뒤로 태우는 것은 영 자신이 없다. 비 오는 날 아이들을 자전거에 태우고 짐을 잔뜩 싣고는 서커스하듯 달리는 엄마들을 보면 아직도 신기하고 존경심이 솟는다. 손바느질은 대개 아이가 보육원 생활을 시작할 때 하게 된다. 보육원마다 정해 주는 사이즈가 달라서 딱 맞는 사이즈를 찾아서 사는 것보다 만드는 것이 편하다. 재봉틀을 능숙하게 사용하는 엄마들도 있고 손바느질로 아이만의 단 하나뿐인 소지품을 만들어주는 엄마들도 많다. (요즘은 소학교 5학년 때부터 학교에서 바느질을 배운다고 한다.)

나도 이불 세트와 준비물 가방, 도시락 가방 등을 서툰 손바느질로 만들었다. 그리고 아이가 유치원 졸업반이 되었을 때는 졸업 행사 담당을 맡게 되었는데 일이 많다고 듣기는 했지만, 설마 그렇게 1년 내내 준비할 줄은 몰랐다. 여름 방학 이후에는 거의 매일 오전에 2시간씩 모여 행사 날의 도시락 메뉴, 행사 진행 순서, 행사장 장식, 선생님과 후배들 선물 준비 등을 논의했다. 한국에서 TV 생방송 시상식이나 연말 특별 방송도 2달이면 다 준비하는데… 큐시트를 만들어도 되겠다 싶을 정도로 꼼꼼하게 시뮬레이션을 했다. 행사에 불편이나 불만을 느끼는 학부모나 선생님이 없도록 차근차근 의견을 확인하고 준비했다.

후배들에게 남기는 졸업생 선물로 '에이프런 시어터ェ プ ロ ン シ ァ タ ー'라는 손가락 인형극 세트를 만들고, 친구들 한명 한명의 이름을 파서 지우개 도장을 만드는 엄마도 있었다. 처음에는 왜 이렇게까지 시간을 들여야 하나 황당할 지경이었는데,

점차 일본 엄마들의 성의와 열의에 감탄하게 되었고, 일종의 엄마들의 동아리 활동이라 생각하고 참여하게 되었다. 어린 동생들을 데리고 각자 마실 음료수를 지참하고 모여 회의를 하고 점심시간이 되면 각자 집으로 돌아가 식사를 하고 다시 하원 시간에 아이를 데리러 갔다. 그 흔한 카페 한번 가지 않는 "당연한 절약"이 낯설었고 그 모임을 통해 불필요한 소비를 용납지 않는 일본 주부들의 알뜰함을 배웠다. 졸업식 행사를 하던 날, 아이 못지않게 섭섭하고 함께 한 이들과의 이별이 아쉬운 것은 물론이었다.

일본식 보육, 일본식 좋은 엄마

이사가 많았기 때문에 큰 아이는 다양한 보육원들을 전전했다. 도쿄 기타구를 시작으로 나고야, 오다이바, 토요스까지 총 네 군데의 보육원을 다녔다. 서툰 부모 탓에 낯선 환경 속에서 적응하기 힘들었을 걸 생각하면 지금도 미안한 마음뿐이다. 첫 아이의 경험은 부모에게도 첫 경험이기 때문에 무엇이든 설레고 긴장된다. 15개월 때 처음 다니기 시작한 보육원, 첫 운동회 달리기 시합. 달리기 직전 엄마를 찾느라 두리번거리며 울다가 출발 신호에 울음을 뚝! 그치고 돌진, 1등으로 골인하던 순간의 감격을 어떻게 잊겠는가! 특히 나고야의 보육원은 자연주의 보육을 하는 곳이라 사계절 모두 맨발로 뛰어놀고, 여름에는 보육원 마당에서 알몸으로 노는 시간도 있었다. 깔끔한 체하고 예민하던 딸이 맨발 맨 궁둥이로 보육원 마당을 뛰어다니는 걸 봤을 때의 충격이란!

부모 참관의 날에는 부모들이 병풍 사이사이 난 구멍으로 아이들을 몰래 관찰하며 킥킥댔고, 마쓰리(축제)날에는 아이들이 직접 작은 유아용 미코시神輿(신령이 탄다고 믿는 일본식 전통 가마로 축제 때 마을 사람들이 함께 메고 마을을 돈다)를 만들어 메고 "왔쇼이! 왔쇼이!"를 외치며 보육원 주변을 돌았다. 그렇게 즐거운 보육원 생활을 하면서도 아이는 아침이면 가기 싫다고 울고, 저녁에는 오기 싫다고 울었다. 배운적 없는 엄마 노릇이기에 나는 주변 일본 엄마들을 열심히 관찰하며 배웠다. 나와 가장 다르다고 느낀 점은 많은 일본 엄마들은 육아 중이라고 해서, 자신의 무엇을 포기하지는 않는다는 점이었다.

아이를 위해 액세서리나 하이힐을 포기하지 않았고 술과 담배도 참지 않았다. 한겨울, 엄마는 정말 아름답고 따뜻하게 차려입고, 아기는 맨발인 채 데리고 나온 모습, 흡연실에 앉아 담배를 피우며 아이에게 햄버거를 먹이고 있는 엄마, 식탁 위에 음식을 다 흘리든 말든 자기 몫을 혼자 먹게 두고 맥주를 마시는 풍경 등이 낯설고 신기했다. 음주, 흡연, 치장이 부러운 것이 아니라 한국 같았으면 내 며느리 아니어도 한마디씩 거들며 지적할 듯한 모습들이 여기서는 모두 개인의 선택과 방식으로 존중받고 있기에 신선했다.

또 하나, 일본 엄마들에게 배운 것은 리액션이다. 아이들의 말과 행동에 반응을 잘해 주고 감탄을 아끼지 않는다. 쓸데없어 보이는 일에 대한 노력이나 몰두에도 '굉장하다'는 칭찬을 아끼지 않는다. 함부로 제지하거나 무시하지 않고 아이의 시도를 응원하고 기다려준다. 아이의 결정을 존중하는 것이다. 이렇게 각자의 다름, 개성들이 가치 있게 존중받는 것이 이 사회의 성숙도를 보여주는 것 같아 부럽기도 하다. 그런 덕에 외국인으로서의 다른 점, 문화의 차이도 너그러이 이해해 주는 좋은 이웃들이 주변에 많았다. 한번은 밖에서는 예의 바르고 양보 잘하는 아이가 집에서는 엄마에게 어리광부리며 짜증을 낸다며 "내가 뭘 잘못 하는 걸까?" 하고 일본 엄마에게 물었더니 "그거 일본식으론 좋은 엄마"라고 말해 주었다. 아이도 밖에서 긴장하고 노력하는 만큼, 집에 오면 그 긴장이 풀리며 스트레스를 풀려고 하는 것이 당연하고, 그 표현이 서투르니 엄마에게 짜증을 부릴 수도 있다는 것이다. 아이에게 감정의 하수구와 같은 엄마 역할. 나만 잘못 하고 있나 풀 죽어 있을 때 많은 위로가 되었고 덕분에 나도 잘하고 있고 더 잘할 수 있다고 자신을 다독일 수 있었다.

자연을 두려워하며 배우는 것들

'일본에서 아이를 키우면 지진과 방사능이 걱정되지는 않을까?'라고 생각하는 이들도 많을 것이다. 당연히 신경이 많이 쓰인다. 특히 2011년 3월 11일에 겪은 동일본 대지진의 지진과 방사능 사고는 우리 부부에게 가장 큰 쇼크였고 여러 가지 면에서 생활의 변화를 가져왔다. 첫 아이의 초등학교 입학을 앞둔 시기였기에 더욱 그러했다. 7년간의 일본 생활을 정리하고 한국으로 돌아갈 것인지 일본에 남을 것인지 심각하게 고민해야 했다.

삐거덕하는 기분 나쁜 건물 뒤틀림 소리와 함께 배를 타고 있는 듯이 느리게 출렁하는 느낌으로, 혹은 건물이 통째로 뒷발을 들었다 내리는 것처럼 튕기는 직하로 일상을 뒤흔드는 지진. 그 순간마다 얼른 휴대전화를 열어 '유레쿠루'라는 지진 앱을 확인한다. 진앙이 어디인지, 진도가 몇인지, 쓰나미 걱정은 없는지, 원전은 괜찮은지… 지금은 아이들도 지진 대비 훈

련에 익숙해졌지만 당시 4살, 6살이었던 아이들이 세발자전거에 비눗방울 통을 실으며 "지진이 나니까 물을 사놔야 해요" 하며 소꿉놀이를 할 때는 이대로 일본에 있어도 되나 싶었다.

한국에 갔을 때는 〈도전 1000곡〉이라는 TV 프로그램에서 가수가 어떤 노래를 부르다가 가사나 음정이 틀리면 삐- 소리가 나는데, 아이들이 그 소리를 듣고 머리를 감싸며 식탁 아래 들어가 "할머니, 들어와, 지진이야!" 해서 가족들이 걱정하며 가슴 아파한 적도 있다. 나 역시 친정집이며 동생네 집에 걸린 액자, 높이 놓여있는 살림, 지나치게 큰 거울 등을 보고 공포감을 느껴 왜 이렇게 물건들을 위태롭게 두느냐며 계속 잔소리를 해댔었다. 일종의 지진 후유증이었다. 지진 대피 요령은 수없이 들어 알고 있지만, 막상 지진이 오고 두려움을 느끼면 머리가 새하얘지고 얼른 집 밖으로 뛰어 나가고 싶다는 충동을 느낀다. 지진대비 설계를 잘 마친 건물이라면 건물 안이 가장 안전하다는 사실을 잘 알고 있으면서도 말이다.

그러나 어떤 일이든 나쁜 면만 있는 것은 아니듯이, 지진을 통해 우리는 '많이 가지는 것이 좋은 것만은 아니다'라는 사실을 깨달았다. 누가 놀러 오면 "이 집은 왜 이리 휑해?" 할 정도로 가구가 없던 것이 얼마나 다행이었는지 모른다. 지진 당시 큰

한 번쯤 일본에서 살아본다면

TV, 큰 장식장, 큰 책장이 없어서 얼마나 다행인지 절실히 느꼈다. 이날의 경험으로 우리는 되도록 크고 거한 것, 필요 이상의 것은 사지도 원하지도 말자는 생각을 하게 되었다. 또 방사능 사고 이후, 먹는 것 하나하나 산지를 따지고, 물은 꼭 사먹는다. 참 피곤하고 어려운 일이다. 방사능 사고 전의 생활이 얼마나 감사했는가 하고 장을 볼 때마다 느낀다. 태풍도 잦고, 화산이 분화하기도 하고, 각종 자연재해가 많은 나라 일본. 자연 앞에 인간이 얼마나 나약한지 일상적으로 경험하게 된다. 그래서 사람들이 겸허해지는 것은 아닐까? 생각지 않게 갑자기 땅이 울리는 순간, 꼭 혼나는 기분이 든다. "것 봐! 겸손하랬지? 욕심부리지 말랬지? 다정하랬지?"라고 자연이 우리에게 말하는 듯하다. 일본 생활 10년 동안 내가 지진을 맞을 때마다 느끼는 깨달음이다.

일본 학교 vs 한국 학교

남편과 나는 10년 연애 후 결혼해 지금은 10년 차 부부가 되었다. 처음 사귄 날부터 헤아리면 20년을 함께 한 셈인지라, '이제 곧 내가 당신의 어머니보다 당신 밥을 더 많이 해 준 사람이 되오' 하게 되었다. 그런데도 아직 나는 어떤 양자 선택의 갈림길에 섰을 때 남편의 답을 예측할 수 없다. 서로 달라도 너무 다르다. 아이의 초등학교를 선택하는 문제에서도 그랬다. 그는 한국인이라고는 자신뿐인 일본 회사에 다니고 있는데, 일본인들 사이의 대화에 녹아들기 위해서는 일본인들과 같은 경험을 되도록 많이 하는 것이 중요하다고 생각한다. 아이들이 공부보다는 또래와의 어울림, '어떤 몰입'을 많이 해보는 것이 중요하다고 주장했다. 그 몰입이란 한 발 자전거를 잘 타기 위해 고군분투하며 될 때까지 연습하기, 야구부든 치어 팀이든 단체 줄넘기든 그게 무엇이든 같은 부원들이 함께 목표를 정해 도전하기 같은 것이다.

회사에서 만나는 일본인들의 자녀 양육 방식이 남편은 무척 바람직하게 여겨진 모양이다. 자녀들에게 어려서부터 당연하게 집안일을 시키고, 고등학교 때부터는 전기세, 수도세를 나눠서 내게 하고, 대학생은 당연히 독립시킨다고 한다. 일본에서 살 거니까 당연히 일본어를 열심히 해야 하고, 한국어는 부모가 가르치기 나름이니까 문제없다고 했다. 게다가 무상 교육을 받을 수 있는 초등교육 기간에 학비를 쓰면서까지 한국 학교에 가야 할 이유가 없으며, 한국 학교에 대한 무성한 소문들(이를테면 치맛바람이 세다지요, 공부를 어마어마 시킨다지요, 아이들이 일본어를 못한다지요 등등)을 기정사실로 받아들이고 질색했다.

그러나 나는 생각이 달랐다. 우선 일본 학교는 대부분 급식을 먹는데, 방사능 유출 사고 지역의 농산물인지 산지를 일일이 따지기보다는 오히려 동북 지방의 음식을 먹어서 어려움에 빠진 그들을 돕자는 소위 '다베테 오엔食べて応援(먹어서 응원하기)' 운동이 벌어지고 있었다.

한 한국인 이웃은 한국에 계신 아이 할머니가 이해하기 쉽게 설명하신다며 "학교에서 물이나 우유 먹지 마라. 독이 들어 있다"고 아이에게 말했는데, 아이가 자기는 안 먹지만, 사랑하는 친구들이 먹는 걸 보고 가만히 있을 수 없어 그대로 말을 전했다가 큰 소동이 일어난 일을 말해 주었다. 그 엄마는 즉시 학교 측과 다른 학부모들에게 사과하고 해명했지만, 혹시나 상처를 받은 이가 있을까 봐 전전긍긍했다.

비단 급식 문제뿐만이 아니라 정치적인 문제로 두 나라의 관계가 예민해질 때, 아무것도 모르는 아이들이 그로 인한 스트레스를 받는 것도 원치 않았다. 아이들이 한국인으로서의 정체성, 한국의 역사와 문화를 제대로 배우면서 스트레스를 받지 않기를 바랐다.

한국어 교육도 걱정이긴 마찬가지! 밖에서는 일본어, 집 안에서는 한국어라는 철칙을 세워 두고 있었지만, 아이들은 점점

일본어에 익숙해져 갔고, "보쿠僕(나), 밥은 윳쿠리ゆっくり(천천히) 먹는 게 스키好き(좋아)!" 식으로 한국어 단어와 일본어 단어를 섞어서 문장을 만들고 있었다. "집에서는 한국어로 말해야지?" 하면 "난데何で(왜)? 이야다요嫌だよ(싫어), 나는 아이리짱愛理ちゃん이 쓰는 말 같이 쓰는 게 스키好き(좋아)!"라고 대답하는 일도 많아졌다. 일본 학교에 다니면서 점점 부모보다 친구들과 이야기하는 시간이 길어지면 아이들이 사용하는 주 언어가 일본어로 기울어지는 것을 막을 수 없어 보였다. (일본어가 주 언어가 되는 것이 꼭 나쁘다는 뜻은 아니다. 그것은 다만 각자의 상황에 따른 선택의 문제다)

우리는 고민과 토론을 거듭한 끝에 결국 입학 원서를 내는 마지막 날, 문 닫는 시간이 다 되어서야 도쿄 한국 학교에 원서를 냈다. 단, 남편의 조건은 아이가 한국어를 완전히 배운다 싶은 3학년까지만 보낸다는 것과 학교 외에 학습에 관련된 학원은 절대로 보내지 않는다는 것이었고 나는 그렇게 하기로 약속했다. 우리와 같은 고민을 했을 부모들이 모두 같은 마음으로 모여 추첨을 했고 다행히 2년의 간격을 두고 두 아이 모두 한국 학교에 입학하게 되었다.

통학, 매일의 작은 모험

일본은 한국의 3월보다 한 달 느린 4월에 새 학기가 시작된다. 딱 벚꽃이 필 무렵이다. 일본 사람들은 1년 내내 벚꽃이 만개하는 그 일주일을 기대하고 기다리는 것 같다. 그즈음이 되면 나라 전체가 두근두근하는 느낌이 들 정도다. 첫 손자가 입학하는 역사적인 순간을 함께하기 위해 한국에서 부모님도 오셨다.

입학식은 오후 2시였기에 우리는 학교 근처에 있는 신주쿠 고엔公園(한국 학교 아이들이 매년 봄 소풍을 가는 공원)에 들러 하나미花見(벚꽃 놀이)를 했다. 그날 교복을 차려입고 찍은 특별한 입학 기념사진은 세상의 어떤 사진 스튜디오에서 찍은 것보다 의미 있게 우리의 기억 속에 남아 있다. 하얗게 만개한 벚꽃 아래 활짝 웃고 있는 아이를 보니 가슴에 뜨겁고 몰랑몰랑한 공 하나가 통통 튀어 다니는 듯했다. 입학식에선 학생이라고 선생님의 지휘에 따라 애국가를 부르고 차렷하고 경례하는 모습이 웃기고 기특했다. 그 날을 기점으로 아이는 지하철을 갈아타고 집에서 30분 거리의 신주쿠에 있는 학교에 통학하게 되었다.

초등학생이 혼자 대중교통을 타고 통학하는 것이 위험하지 않은가 하는 우려는 당연하지만, 이런저런 상황 속에 이 학교를 선택한 이상, 감수하고 적응해 나갈 수밖에 없는 부분이기도 하다. 평균적으로 한 달 정도는 부모들이 같이 오가면서 지하철이나 버스 타는 방법, 대중교통을 이용할 때 지켜야 할 예절, 교통안전에 대해 교육을 시킨다. 처음엔 긴장하던 아이들도 적응되면 혼자 다니면서 "엄마, 지금 급행이 왔으니 다음 열차 탈게!", "엄마 지금 갈아타려고 가고 있어" 하고 자신의 상황을 중계하며 등하교를 한다. 물론 지하철 패스를 잃어버리거나 잠이 들어 내릴 역을 지나쳐 낯선 역까지 갔다가 반대 방향 열차를 타고 다시 돌아온 경우도 있었다. 그러나 그런 문제 해결의 경험들이 아이들을 성장시켰다고 믿는다.

특히 양국 관계가 좋지 않은 시기, 한국 상점가가 모여 있는 신오쿠보에서 혐한 데모나 헤이트스피치가 있을 때는 더 조심하게 된다. 대중교통 예절에 대해 늘 주의를 시키고, 특히 한국 학교의 교복을 입고 있는 너희는 학교뿐만 아니라 나라에 대한 이미지를 만드는 '작은 외교관'이라고 주지시킨다. 천방지축 1, 2학년이 이미지가 뭔지, 외교관이 뭔지 알 리 만무하지만, 학년이 올라가면서 점점 차 안에서 점잖게 독서를 하며 차분히 다닐 줄 알게 되었다.

일본에 분당은 없지만!

이제 큰 아이는 4학년! 약속한 3년이 지났기에 우리 부부의 원래 계획대로였다면 일본 학교로 전학했을 것이다. 그러나 우리의 예상과 또 달리 3학년이라는 나이는 생각보다 자기 의견이 강한 나이였다. 아이는 전학을 거부했고, '건드리면 삐뚤어져 버릴 테다!' 하는 태세로 한국 학교에 대한 애정을 강력하게 어필했다. 움찔 놀란 우리 부부는 작전을 변경하여 학교 밖에서 일본 친구를 사귀도록 유도하는 중이다.

4년 전의 계획을 지켜서 꼭 전학해야만 하는 것은 아니지만, 일본에서 사는 만큼 한국 학교 안에서 한국인 친구들과만 어울리며 지내는 것은 좋지 않다고 판단했기 때문이다. 아이가 사춘기에 접어들면 새로운 환경에 적응하는 것은 더욱 어려울 것이기에, 우리의 고민은 깊어지고 있다. 아이들을 계획대로 일본 학교로 전학을 시킬 것인지, 시킨다면 언제 어디로 할 것인지, 중학교는 어찌할 것인지…. 우리는 아직도 예상치 못한 상황에서 헤매는 중이다. 부부의 의견은 여전히 다르고, 언제 지진이 올지, 화산이 폭발할지 늘 걱정스럽다. 그래도 우리는 앞으로 나아갈 수밖에 없다. 생활인의 자세로 성실히, 여행자의 시선으로 새롭게 말이다. 순간순간을 감사하고 즐기면서 일본에서 한국인으로, 되도록 행복하게 살아가야 한다.

요즘 일본에서 유행하는 가오마라톤맵顔マラソンマップ(루트를 설정해 달린 코스를 지도에 표시하면 특정한 그림이 되도록 하는 마라톤. 지역을 상징하는 개성적인 맵을 만들며 달리는 것이 유행이다)처럼 우리는 우리만의 재미난 마라톤 코스를 만들어 나가려고 한다. 그 길이 아주 복잡해 생각보다 오래 걸리거나 끝까지 골인하지 못하고 쟌넨残念(유감)으로 끝날지도 모르지만, 어쨌든 우리는 우리만의 상징을 그려낼 수는 있을 것이다.

스물에 만난 남자와 서른에 결혼해서 마흔을 맞은 나는 앞으로도 이곳 일본에서의 삶을 하루하루 찬찬히 살아가고자 한다. 한국인이라는 장점 위에 일본에서 배운 또 다른 가치들을 내 것으로 만들면서 아이들에게 전해 줄 작고 예쁜 이야기를 많이 가지고 싶다. 지인을 통해 일본 생활 가이드를 부탁받은 적이 있는데, 그녀는 내게 도쿄에서 '한국의 분당' 같은 곳을 소개해 달라고 했다. 천당 아래 분당이라던데…. 단언컨대 일본에 분당은 없다. 그러나 일본은 천 가지 다양한 모습으로 매일의 일상을 소중히 사는 사람들이 지금 이 순간을 살아가고 있다. 그리고 오직 '당신만을 위한 삶의 방식'을 만들어 나갈 수 있는 곳이라고 전하고 싶다.

일본의 신사神社와
데라寺의 차이?

일본에는 우리가 흔히 말하는 절이 정말 많습니다. 일본은 기독교도가 전 국민의 1%도 안 되는 나라로 불교를 비롯해 예부터 전해 온 전통 신앙이 뿌리 깊게 자리 잡고 있는 나라입니다. 백제가 일본에 불교를 전해 준 이후 일본의 전통 신앙인 신도神道라는 것과 불교는 함께 발전해 왔다고 합니다. 일본 고유의 민속 신앙인 신도는 세상의 모든 사물에는 신이 존재한다고 믿고 자연과 조상을 모시는 것을 중요시합니다.

일본에서는 우리가 말하는 불교사찰인 절은 데라寺라고 부르고, 신도에 따라 각종 신을 모시고 있는 곳은 신사神社라고 합니다. 딱히 어느 쪽이 더 많다고 하기 힘들 정도로 둘 다 일본 각지에 많이 있습니다. 일본 신사 입구에는 도리이鳥居라는 붉은색의 기둥 문이 있습니다. 절에는 이런 도리이가 없어서 구별할 수 있습니다.

신사의 경우 어떤 곳은 학문의 신, 상업의 신, 인연의 신을, 또 어떤 곳은 원숭이신, 고양이신 등 동물을 신으로 모시기도 합니다. 1799년 사신을 이끌고 일본에 갔다가 고구려가 망하자 일본에 남았다는 왕족 출신 현무약광을 모신 '고마신사高麗神社'도 있습니다. 고마신사는 고구려의 기氣를 받으면 소원이 이뤄지고 좋은 일이 생겨난다는 믿음 때문에 연간 50만 명이 찾는 명소라고 합니다. 이곳을 참배한 사람 중에 일본 총리가 세 명이나 나왔고 대신이나 유명 인사는 셀 수 없이 많다고 하네요.

3장

일본에서
산다는 것

(Life in Japan)

최고는 아니지만
한 번쯤 살아볼 만한 곳
'일본'

나무

솔직히 일본은 덴마크, 부탄처럼 국민 행복도 1위의 나라도
아니고, 호주나 뉴질랜드처럼 세계적으로 손꼽히는 눈부신 자
연환경을 자랑하는 나라도 아니다. 미국이나 유럽 국가처럼
이상적인 사회복지가 실현된 나라도 아니다.

오히려 일본은 매우 어정쩡한 나라다. 생활환경, 사회복지, 사
람들의 사고방식까지 모두 우리나라와 서양 선진국의 중간쯤
에 있다고 할 수 있다. 한국에 비하면 사람들의 생각이 조금
더 자유롭기는 하다. 사회복지도 유럽 국가보다는 많이 부족
하지만 한국보다는 조금 더 나은 정도이다. 예를 들어 복지 환
경을 살펴보면 일본 내에서도 지역마다 기준이 조금씩 다르
기는 하지만 어린이의 병원비 무상지원이 잘 되어 있다. 나고

야의 경우는 중3까지 무료이고 보통 초등학교 3학년 때까지 병원비가 무상 지원된다. 부모의 소득에 따라 차별적으로 지급하는 경우도 있다. 어린이집과 유치원의 보육 보조금도 우리나라보다는 조금 더 많다. 하지만 유럽 선진국 수준은 아니다.

공교육비, 사교육비도 대표적인 선진국처럼 거의 안 드는 것은 아니지만 역시 우리나라보다는 조금 덜 든다. 조금 더 구체적으로 말하자면 우리나라보다도 더 어릴 때부터 각종 학원에 보내고 사립학교에 보내는 경우도 있지만, 그렇게 하지 않는다고 해서 "왜 안 시키느냐?"라고 묻지는 않는다. 서로 크게 관여하지 않아 각자 생각에 따라 선택할 수 있는 분위기다. 대학 진학률도 50%대로 생각보다 높지 않다. 일본 역시 학력을 중시하는 사회이지만 대학을 가지 않고 전문학교, 학원에 다니거나 바로 사회에 나와 일을 하는 경우가 많다. 대학을 나오지 않아도 취직 기회가 많아서 선택 범위가 조금은 더 넓다고 할 수 있다.

초고령화 사회인만큼 노령 연금 문제가 사회적으로 심각한 문제가 되고 있지만 대신 나이 든 어른들도 의지만 있으면 잠깐씩 아르바이트를 할 수 있는 자리가 있는 것이 일본이다.

남녀 간의 연애에서도 우리나라보다는 조금 더 다양한 모습을 인정하는 듯 보인다. 10살, 20살씩 차이가 나는 연상연하 커플, 아이가 있는 사람과 결혼 경험이 없는 사람의 결혼, 중년 혹은 노년의 이혼과 결혼 등 각기 다른 모습의 삶을 살아가는 다양한 사람들이 있다. 최근 도쿄 시부야구에서는 동성 커플을 가족이라고 인정하는 '동성 파트너십 증명서' 발급을 시작하였다. (동성 커플의 경우 동거인 등록이 되지 않으면 병원에서 가족이 아니라는 이유로 면회를 거절당하기도 한다) 물론 이러한 사람들에 대해 전혀 신경 쓰지 않는 정도는 아니지만 그렇다고 해서 엄청나게 이상하게 생각하거나 떠들썩하게 화제가 될 정도의 일로 여기지는 않는다. 연애할 때 동거하는 비율도 한국보다는 높고 미국, 유럽보다는 낮다. 사랑과 결혼에 대해서도 아주 조금은 더 자유로운 느낌이다.

그리고 한국과 마찬가지로 일본에도 장유유서의 정신이 있어서 어른을 공경하고 상하관계를 존중하지만, 만나자마자 나이를 확인하고 나이에 따라 곧바로 서열이 정해지는 한국에 비하면 나이에 조금 덜 민감하다. 몇 살씩 차이가 나도 마음만 통하면 '친구'라고 부른다. (그래서 일본인이 '친구' 이야기를 할 때 당연히 그 사람과 같은 나이일 것으로 생각하면 안 된다) 나이에 따라 존댓말을 쓰고 안 쓰는 경우도 있지만, 나이와 상관없이 자신과 가까운 사람이라고 여기면 반말을 쓴다

한 번쯤 일본에서 살아본다면

는 점에서는 다소 차이가 있다. 서양처럼 당연히 여기는 정도
는 아니지만, 일본도 성인이 되면 집을 나와 혼자 생활하는 비
율이 꽤 높다. 어릴 때부터 아르바이트하면서 혼자 월세 내고
생활을 꾸리며 독립된 생활을 하는 사람이 많다.

비슷하기에 쉽게 배울 수 있는 친구

이렇게 일본은 많은 부분에서 한국과 비슷하면서도 조금씩
다르다. 처음 일본에 오면 사람들의 외모도 도시 모습도 한국
과 비슷해서 크게 이질감을 느끼지 않고 자연스럽게 어울리
게 되지만 살면 살수록 아주 약간씩 다른 부분들이 눈에 들어
오고 이러한 문화적 차이는 때로 꽤 크게 다가오기도 한다.
겉으로 보이는 모습은 비슷하지만 한층 더 친절하고 섬세한
일본의 서비스, 우리처럼 사람 사이의 정은 중요시하지만 개
인 생활에 대해서는 직설적으로 묻지 않고 존중해 주는 문화,
정해진 규칙을 누가 보든 안보든 스스로 지키는 모습 등 소소
한 차이가 이곳에서 살아갈수록 점점 더 눈에 많이 들어온다.
개인적으로 지하철역뿐만 아니라 허름한 동네 공원 화장실에
도 언제나 화장지가 있고 아무도 그것을 가져가지 않는다는
것, 보는 사람이 거의 없는 동네 골목길에서도 쓰레기를 버리

지 않아 늘 깨끗한 것, 출퇴근 시간에 엄청난 사람들이 전철을 타지만 내린다고 하면 다들 길을 비켜주어 숨 막히는 만원 전철에서도 내리지 못하는 일은 거의 없는 것 등을 보며 여전히 낯설고 부러운 기분마저 든다. 물론 우리나라에서도 대부분 지키는 일들이지만 일본은 '조금 더 철저하게' 지킨다. 그리고 그 약간의 차이로 인해 일본은 한눈에 봐도 깨끗하고 조용하고 친절한 사회로 유지된다.

어찌 보면 이렇게 '아주 조금' 다르기 때문에 한국과 일본은 서로의 좋은 점을 좀 더 쉽고 빨리 배울 수 있지 않을까? 우리네 생활에서도 그렇다. 나와 전혀 다른 친구는 '너는 나랑 다르구나!' 하면서 서로의 차이를 인정하고 크게 관여하지 않지만, 자신과 비슷한 친구를 보면 '나랑 비슷한 저 친구도 할 수 있으면 나도 할 수 있지 않을까?' 하며 친밀감을 느끼고 거부감 없이 친구의 장점을 배우게 된다.

일본에 온 지 1년쯤 지나 한국에 갔을 때였다. 겨우 1년을 일본에서 지냈을 뿐인데 나도 어느새 작은 쓰레기는 가방이나 주머니에 넣고 사람이 많은 곳에서는 자연스럽게 줄을 서고 길을 가다 누군가와 살짝만 부딪혀도 반사적으로 "죄송합니다"라는 사과의 말을 하고, 가게에서 나올 때는 빠짐없이 "감사합니다"라는 인사를 하고 있었다. 한국에서 지낼 때는 가끔 안 지키고 어쩌다 인사를 안 하기도 했는데 어느새 그런 '예외'가 사라졌다. 그랬더니 주위 사람들과 불필요하게 얼굴을 붉히는 일이 줄어들었다. 사사로운 일로 기분이 상하거나 화를 내는 일 없이 기분 좋게 보내는 날이 늘어났다.

단, 일본 생활에 익숙해지면서 생기는 단점이 하나 있다면 주위 사람에게 피해를 주지 않으려고, 배려하려고 너무 신경을 쓰다 보니 성격이 점점 더 소심해진다는 것!

적당한 무관심, 마음껏 즐길 수 있는 자유

한편 일본 사람의 특징을 설명할 때 항상 빠지지 않는 말이 있다. 바로 '배려'와 '무관심'이다. 잘 생각해 보면 이 두 단어는 서로 모순되는 말이기도 하다. 주위 사람을 '배려'한다는 것은 상대방의 모습을 살피고 마음을 쓴다는 것이고, '무관심'이란 주위에서 무얼 하든 신경 쓰지 않는다는 의미이니 언뜻 보면 공존할 수 없어 보인다.

일본 사람들이 말하는 배려는 '누군가를 도와주기 위한 배려'라기보다는 '남이 나로 인해 불편을 겪지 않도록 하는 배려'라고 할 수 있다. 일본에서는 남에게 조금이라도 피해를 주거나 실례되는 행동을 가장 꺼린다. 그러므로 누군가가 나로 인해 기분이 상하거나 피해를 당하지 않도록 늘 상대방 입장에서 생각해 배려한다. 그러기 위해 항상 자신의 행동을 조심하고 주변 상황을 잘 살핀다.

무관심은 '남에게 피해를 주는 것 이외의 일에 대한 무관심'이라고 할 수 있다. 서로 피해를 주는 일만 아니라면 주위에서 어떤 복장을 하든, 어떤 생활을 하든 크게 상관하거나 참견하지 않는다. 주위에 피해를 주는 행동에는 매우 민감하지만, 그 이외의 일에는 매우 무관심하다. 사실 일본 사람들의 이런 무관심은 종종 문제점으로 지적되기도 한다. 하지만 이곳에 와서 지내는 외국인의 입장에서는 '나만의 자유'를 보장해 주는 고마운 문화이기도 하다. 외국에 나와서 평소에 해 보지 않았던 일을 해 보고 주위 사람에게 피해를 주는 것만 아니라면 자신만의 패션, 자신만의 생활방식을 충분히 즐길 수 있다. 혼자 어디를 가더라도 노는 것, 먹는 것 등 무엇 하나 불편한 장소는 거의 없고 부담스러운 시선을 받는 일은 더더욱 없다.

특히 일본은 즐길 수 있는 문화적인 시설과 상품이 다양하다. 혼자서든 가족 단위로든 여가 생활을 즐기기에 이 다양성이 주는 즐거움이 무척 크다. 해외 아티스트들의 방문과 공연도 많고 뮤지컬과 연극 전문극단, 극장도 많다. 섬나라이기 때문인지 전국 곳곳에 100곳이 넘는 수족관이 있고 도쿄에는 국

한 번쯤 일본에서 살아본다면

립, 시립 박물관과 미술관뿐만 아니라 거의 모든 구區마다 크고 작은 미술관과 공원이 있다. 잘 알려진 바와 같이 만화와 애니메이션 전문 상가, 수많은 전문 잡지들이 있어 세계적으로 인기를 끈다.

거의 1년 내내 전국 어딘가에서 대규모 지역 축제라고 할 수 있는 '마쓰리'가 열린다. 대규모 아파트 단지가 거의 없고 대부분 오래된 주택가라서 어디를 가도 색다른 그 지역 특유의 정취와 역사를 느낄 수 있다. 여러 동네를 찾아가 산책하는 것만으로도 매번 다른 경험을 할 수 있고 색다른 느낌을 받는다. 일본은 언뜻 매우 조용한 나라인 듯 보이지만 알면 알수록, 찾아보면 볼수록 소소하게 즐길 거리가 곳곳에서 보물처럼 나온다. 처음에는 보이지 않았지만 살아가면서 배울만한 점도 눈에 많이 들어온다. 게다가 외국인이라도 의욕만 있으면 아르바이트, 취업의 기회는 충분히 주어진다. 결코 최고, 최상의 나라라고 할 수는 없겠지만, 너무 많이 낯설지 않은 곳에서 작은 일상의 재미를 찾고 나 자신에게 집중하며 새로운 경험과 도전을 해 보기에는 꽤 괜찮은 나라다. 일본에서 살아 본다면, 나만이 가질 수 있는 일상의 소소한 즐거움을 반드시 찾을 수 있을 것이다. 기회가 된다면 꼭 한 번쯤 살아볼 만한 곳, 바로 일본이다.

특별한 경험,
일본 산을
만나다

단미

일본 생활을 하면서 주요 관광지를 여행하는 것도 좋겠지만, 가끔은 특별한 곳을 경험해 보는 것도 좋다. 예를 들면, 일본의 산山, やま 말이다. 일본은 섬나라인 만큼 바다를 끼고 있는 경치도 아름답지만, 그 바다를 품고 솟아오른 절경의 산도 많이 있기 때문이다. 산은 바다와는 또 다른 편안함을 가지고 있다. 덕분에 나는 유학 생활로 힘든 일이 있을 때마다 산을 오르며 위로를 받곤 했다. 어쩌면 산은 나에게 있어서 친구 그 이상이었는지도 모른다.

도쿄에서 가장 가까운 산은 다카오산高尾山(도쿄, 하치오지시, 599m)이다. 신주쿠新宿, しんじゅく에서 1시간 정도 거리로, 교통도 편리하고 높이도 적당해서 가끔 가서 몸과 마음을 달래기에 딱 좋다. 6개의 코스로 되어 있어 다양한 경치를 감상할 수 있는 것도 큰 장점이다. 등산로 입구에는 소바そば(메밀국수)집이 여럿 늘어서 있어 잠시 들러 식도락을 즐길 수도 있다.

나는 다카오산을 자주 찾았다. 바쁘게 돌아가는 일상, 도심의 번잡함에서 벗어나 소박한 풍경을 볼 수 있어 좋았다. 공부와 아르바이트로 정신없이 살다 보면 휴식이 필요한 시간이 온다. 그럴 때 자연은 위로를 주는 더없이 좋은 친구가 된다. 단풍이 물드는 11월의 다카오산은 너무 아름답다. 다카오산은 항상 등산객이 많아서 길을 잃을 염려가 없다. 하지만 나처럼 엄청난 길치인 사람들은 누군가의 도움을 받는 것도 좋다.

도쿄에 있을 때 등산모임에 가입했다. 일본에 사는 한국인들의 모임이다. 회원들의 연령층은 조금 높은 편이었고 다들 현지에서 자리 잡고 살아가는 분들이었다. 내게는 살아있는 일본 생활 경험을 듣는 좋은 기회였다. 이분들 덕분에 유학 생활이 외롭지 않았다. 등산에 재미를 붙이기 시작한 나는 한동안 산에 빠져 살았던 것 같다. 일본산은 취사가 가능해서 우리 일행은 정상에서 잔치를 벌이곤 했다. 삼겹살에 불고기, 김밥은 기본이고 각자 준비해오는 음식과 과일 그리고 마무리 커피까지…. 산에서 먹는 음식은 전부 맛있다. 가난한 유학생에게는 정말 잔칫날이 아닐 수가 없었다. 한국에서나 맛볼 수 있는 집밥을 일본산에서 먹는 재미가 있었기에 나의 산행은 항상 즐겁고 행복했다.

여름에는 다카오산의 야간 산행을 즐겼다. 각자 헤드 랜턴을 끼고 줄을 지어 올라가는데, 계곡 물소리가 시원하게 들려온다. 어두워서 주변 풍경은 볼 수 없지만, 밤공기가 주는 편안함에 자연의 소리에 온전히 집중할 수 있어 더욱 특별한 시간이었다. 산 정상에 앉아 바라보는 도쿄의 야경은 마치 검은 비단에 금빛, 은빛 가루를 뿌린 듯 아름다웠다. 일본도 우리나라와 마찬가지로 몇 년 전부터 등산 붐이 일어나 산을 찾는 사람들이 많아졌다. 특히, 젊은 등산객이 많이 증가했다. 데이트를 산에서 하는 사람들을 보면 몸도 마음도 건강해 보여서 좋다. 모두가 밝은 표정이다. 오르내리다 만난 등산객끼리 모두 반갑게 인사를 건넨다. 특별한 말을 하지 않아도 서로에 대한 배려가 묻어나는 건강한 인사다. 나는 산이 주는 이런 밝은 에너지를 좋아한다.

내가 좋아하는 일본의 산 중 하나는 나가노현長野県에 있는 기리가미네霧ヶ峰(1,925m)다. 미쓰비시 에어컨 CM의 배경으로도 등장하는 이 산은 일본 100대 명산名山 중 하나다. 또한, 일본의 소설가이자 등산가인 후카다 규야深田久弥가 추천해서 더 잘 알려졌다. 기리가미네는 산이라기보다는 산책 코스에 가깝다. 넓은 초원과 파란 하늘이 그림처럼 펼쳐져 있어 사부작사부작 걷는 재미가 좋다. 상쾌한 공기는 물론 꽃도 지천으로 피어 있어 평생 기억에 남을 장소가 될 것이다.

일본엔 3천 m가 넘는 산이 많다. 장비도 체력도 없는 나에게는 평소 같으면 등산은 상상도 못 할 일이지만, 어느 날 갑자기 일본에서 두 번째로 높은 기타다케산北岳山(3,193m)에 올라가게 되었다. 가장 높은 산은 3,776m의 후지산富士山이다. 친분 있는 분들과의 산행 뒤풀이에서 우연히 미나미 알프스南アルプス(야마나시현山梨県, 나가노현, 시즈오카에 걸쳐 있는 아카이시 산맥, 남알프스)에 속해있는 기타다케산에 간다는 정보를 들었다. 아직 한 자리가 비어 있는 상태라고 했지만, 워낙에 높은 산이라 처음 들었을 때는 감히 엄두도 못 냈다. 나 같은 저질 체력이 어찌 오를 수 있단 말인가! 하지만 모든 것은 순식간에 진행되었다. 지금 와서 돌이켜 보면 그 산과 나는 꼭 만나야만 할 운명이었는지도 모른다. 기타다케는 100대 명산에 포함되어 있고 절경으로 유명하다. 일본에 사는 동안 꼭 한 번 가 보고 싶었던 산이다. 하지만 거리도 만만치 않고, 교통비도 비싼 일본에서 혼자 여행을 간다는 것은 쉬운 일이 아니었기에 그때가 기회다 싶었다. 마침 당시의 나는 어딘가로 떠나고 싶었다.

'그래! 어차피 남는 자리라면 그 차를 타고 가서 나는 산장에 머물자. 자연 풍경을 보고 마음을 다스리자. 온천도 하고 글도 써야지!'

이것이 나의 계획이었다. 나는 기타다케 산행을 가시는 분께 전화를 걸어 같이 가고 싶다고 청하고, 그분은 다시 생각해 보고 연락을 주신다고 했다. 그리고 몇 시간 후 연락이 왔다. 등산 가방을 비롯한 등산 장비 전부 빌려놨다고 함께 가자고 하신다.

'이, 이게 아닌데…. 나는 그저 경치가 보고 싶었던 것뿐인데….'

난감한 상황이 되었다. 내가 3,000m가 넘는 산을 오른다고? 말도 안 되는 일이었지만, 나는 그 다음 날 밤 승용차를 타고 야마나시 현으로 가고 있었다. 우리 팀은 새벽이 돼서야 기타다케산 등산로 주차장에 도착했다. 산행 시작 전까지는 여유가 있으니 두세 시간쯤 쪽잠을 자라고 했지만, 차에 타고 있는 분들은 세 명 다 남성 회원이었다. 다들 친분 있는 사람들이라 별문제 없었지만 불편함에 잠을 잘 이룰 수 없어 차 창문에 기대고만 있었다. 그런데 창밖으로 반짝이는 별이 보였다. 조용히 차 밖으로 나왔다. 태어나서 그렇게 많은 별은 처음 보는 것 같았다. 금방이라도 하늘에서 금가루처럼 쏟아질 듯한 별을 보니 마음이 한결 가벼워졌다. 잠을 자는 시간과 바꾸어도 아깝지 않을 만큼 나에겐 특별한 시간이었다.

새벽 6시, 삼각 김밥으로 아침을 해결하고 산에 오를 준비를 했다. 잠도 못 자고 속도 안 좋은 상태에서 20㎏이 넘는 가방을 짊어지고 간다는 건 괴로운 일이었다. 조금만 자세가 흐트러져도 가방이 무거워 뒤로 넘어가고 말았다. 무게를 지탱하며 서 있는 자체가 힘든데 움직이려니 괴로웠다. 아직 등산은 시작도 안 했는데 말이다.

기타다케 산은 시작부터 가파른 오르막길이었다. 평지라면 끝없이 걸어갈 자신이 있었지만, 오르막은 도무지 자신이 없었다. 언젠가 중국의 태산을 오르다 초입에서 포기한 기억도 떠올랐다. 고민했다. 이대로 오르면 나는 분명 중간 지점도 가기 전에 지쳐 쓰러질 것이고, 나로 인해 일행이 모두 산행을 포기해야 할지도 모른다! 산행 시작 5분 만에 나는 재빠르게 백기를 들었다.

"도저히 안 되겠어요. 저는 그냥 산장에 머물고 있을 테니 세 분이서 다녀오세요."

용기를 내서 한 말이었다. 그 말을 들은 일행은 당황한 얼굴이었지만 누구 하나 뭐라고 선뜻 대답하지 못했다. 몇 분간의 침

묵이 흘렀고, 일행들은 나에게로 와서 내 가방에 있는 짐을 나눠 가졌다. 셋은 무슨 약속이라도 한 듯 입을 다문 채 40㎏가 넘는 자신들의 가방에 내 짐을 넣고 있었다. 이게 무슨 민폐란 말인가! 하지만 나는 더 이상 아무 말도 할 수 없었다. 다시 산행은 시작됐고, 나는 말없이 이를 악물고 올라가야 했다. 그들은 나의 앞과 뒤에 한 명 씩 서서 내가 뒤처지지 않게 배려하고 있었다. 중간중간 수분을 보충하고 정신력으로 버티며 올라갔다. 중간 지점에 도착했을 때는 내 가방을 서로 번갈아 가며 앞으로 메고 갔다. 나는 그들의 배려로 힘을 낼 수 있었다. 이를 악물고 버텼다. 더 이상의 민폐는 없어야 한다. 내가 지금 여기서 포기한다면 나는 앞으로 아무 일도 할 수 없을 것만 같았다. 그렇게 8시간 만에 드디어 정상에 도착했다.

정상에서 운해雲海를 바라보는 순간, 눈물이 나올 것만 같았다. 내가 서 있는 곳이 마치 천국같이 느껴졌다. 파란 하늘이 구름과 맞닿아 있는 풍경에 감탄사를 연발했다. 정말 고생 끝엔 행복이 기다리고 있었다. 포기하지 않았기에 누릴 수 있는 벅찬 감동이었다. 기타다케 산은 날씨 변동이 심해 그날처럼 맑은 날씨를 만나기가 좀처럼 힘들다고 했다. 포기하지 않고 달려온 것에 대해 산이 내게 주는 선물 같았다. 그곳에서 내가 온몸으로 느끼던 바람이 얼마나 상쾌하고 달콤했는지 모른다. 3,193m! 온몸에 붙어 있던 피곤함도 어디론가 날아가 버렸다. 정상 너머 산장 근처에 텐트를 쳤다. 9월이지만 산 정상은 쌀쌀했다. 밥을 해서 준비해 온 나물을 넣고 비빔밥을 만들었다. 그리고 절대 빠져서는 안 될 메뉴, 라면도 끓였다. 정말 꿀맛이었다. 나를 이끌어준 사람들에게, 그곳에 있던 기특한 나 자신에게도 다시 한 번 감사인사를 했다. 식사를 마치고 멋진 경치를 바라보며 마시는 커피는 정말 최고였다.

밤이 되면서 텐트에 옹기종기 모여 술을 마시며 추위에 언 몸을 녹여봤지만, 점점 거세지는 추운 바람을 견딜 수가 없어 일찍 잠자리에 들기로 했다. 두 개의 텐트 중 하나에 세 명이 자고, 나머지 하나는 내가 독채를 차지하고 누웠다. 침낭 안에 들어가 있는데도 한겨울처럼 추웠다. 밖에서 불어오는 바람소리가 귀신 소리처럼 들렸다. 그림자 때문에 놀라 나는 자는 세 남자를 다시 소환하는 해프닝을 벌였다. 끝까지 그들을 고생시킨 것이다. 그렇게 함께 많은 추억을 공유한 기타다케 일행은 서로를 배려하며 무사히 하산하게 되었고 어느새 각자가 아닌 '우리'가 되어 있었다. 기타다케산 이야기는 시간이 지나고 난 다음에도 우리에게 행복한 안줏거리가 되어 주었다. 그것은 당시 현장에 있었던 '우리'들만이 느낄 수 있는 깊은 감정들이었다. 나는 아직도 그들에게 감사하고 있다. 내가 포기하려 했던 순간 아무 말 없이 잡아 주고 함께하게 해 주었다. 덕분에 나는 내 인생에서 가장 아름다운 순간을 보았고, 포기하고 싶은 순간이 올 때마다 마음을 지켜줄 힘을 얻었다.

산은 거부할 수 없는 매력을 가지고 있다. 비단 일본산뿐만이 아니라 모든 산에 해당하는 말이겠지만, 일본의 산은 한국 산과는 또 다른 매력을 가지고 있다. 기회가 된다면 한 번쯤 경험해 보기를 적극적으로 권한다. 생각지도 못한 멋진 추억을 만들 수 있을 것이다.

한 번쯤 일본에서 살아본다면

이젠 믿을 수 있어,
일본인의
한류 사랑!

임경원

동방신기 일본 콘서트 티켓은 예매가 오픈되자마자 5분 만에 매진. 빅뱅 일본 돔 투어 콘서트 전 좌석 매진, 추가 공연 발표. 표를 사기 위해, 공연을 보기 위해 줄을 길게 늘어선 일본 팬들의 모습. 연예인 공항 입국시간을 알고 몰려든 극성 팬들, 연예인이 군대에 입대하거나 제대하는 날도 어김없이 몰려드는 일본 팬들. 콘서트, 팬 사인회, 앨범사인회, 악수회, 기념촬영회 등 각종 이벤트에 한국 연예인을 보려고 밀집해 있는 광경을 TV 화면으로 접하고도 믿지 못했다. 한국까지 찾아와 방송국이며 촬영장, 기획사 사무실 근처며, 연예인이 방문한 적이 있다는 음식점이나 카페 등을 일부러 찾아다니는 장면은 내게 너무 낯선 세계고 생경했다. '어떻게 저토록 미친 듯

이 쫓아다니고 좋아할 수 있단 말인가!' 하며 의구심이 생겼
더랬다. 그동안 쌓였던 의문은 도쿄에 와서 뒤죽박죽이던 퍼
즐이 맞추어지듯 천천히 풀려가기 시작했다.

15년간 변치 않은 사랑

"저의 아들 이름은 지용입니다."
아가씨인지 아줌마인지 분간하기 힘든 20대 후반에서 30대
초반으로 보이는 일본인 여성고객이 가게에 들어오자마자 나
에게 건넨 말이다. 순간, '무슨 말을 하는 거야?'라고 생각하
고 내 귀를 의심했다. 스마트폰 사진첩에서 자기 아이의 사
진을 보여주며, 이 아이가 지용이라며 손가락으로 가리켰다.
어떤 대답이 나올지 앞의 행동에서 미리 짐작은 하고 있었지
만 재차 확인하고 싶다는 생각에 '지용이 엄마'에게 질문을
던졌다. "한국 아이돌 중에서 누구를 가장 좋아하세요?" 조
금도 망설임 없이 "빅뱅을 가장 좋아한다."는 대답이 돌아왔
다. 그리고 자신의 팔에 새긴 문신을 보여준다. 진짜였다. '지
용'이라고 새겨져 있었다. 얼마나 GD를 좋아하면 아이 이
름을 '지용'으로 짓고 팔에 문신까지 새겼을까? (빅뱅 멤버
G-DRAGON의 본명이 권지용이다)

그뿐만이 아니다. 빅뱅에 관한 음반, 상품, DVD 등도 모두 소장하고 있다고 말했다. 빅뱅의 일본 돔 투어 콘서트가 열리면 도쿄, 오사카, 홋카이도까지 콘서트가 열리는 곳은 어디든지 가고 한국콘서트까지 보러 가기도 한다. 그것도 아이 손을 붙잡고 말이다. 또 다른 빅뱅 팬인 아이 엄마는 늘 가게에 아이를 데리고 왔다. 아이에게 누구를 좋아하느냐고 물어보았다. "승리"라고 대답했다. 아이의 가방에는 승리의 배지들이 달려 있었다. 엄마는 GD를 좋아하고 아이는 승리를 좋아해서 가끔은 DVD를 볼 때 서로 자기가 좋아하는 가수만 보려고 리모컨 쟁탈전을 벌이곤 한단다. 아이는 빅뱅의 노래까지 거의 다 외우고 있다고 했다. 아이가 자라서 한국으로 유학을 갔으면 좋겠다고 말했다. 어디까지나 엄마의 생각이지만. 아이의 인생이므로 선택은 아이의 몫이라고 강요할 생각은 없단다. 대신 아이가 유학을 간다면 적극적으로 지원해 줄 거라며 자신감을 내비쳤다. 자신은 집을 떠날 수 없지만 아이가 한국에 가 있으면 한국에도 자주 갈 수 있으니 좋을 것 같다며 미소를 지어 보였다. "혹시 남편도 한국 문화에 관심이 있나요?"라고 물어보았다. 남편은 전혀 관심이 없다고 했다. 오히려 '한국 아이돌을 좋아하는 자신을 이상하게 생각할 정도'라는 대답이 돌아왔다.

지용이 엄마의 이야기를 듣던 중 문득 예전에 가게에 오셨던, 박용하를 좋아해서 문신을 새긴 할머니 팬이 생각났다. 잠깐만, 이라고 말하고 나의 스마트폰 사진첩을 급하게 뒤지기 시작했다. 다행히 그 할머니 사진이 저장되어 있었다. 이 할머니는 〈겨울연가〉에 출연했던 박용하를 좋아해서 문신까지 했고, 지갑에 사진까지 지니고 다닌다, 그리고 매년 추모행사나 이벤트도 참석하고 계신다고 이야기해 주었다. "와~ 대단하다"라는 반응을 보여주었다.

지용이 엄마에게 더 자세한 이야기를 해 주고 싶었지만 그러지 못해 아쉬웠다. 주말 오후라 발 디딜 틈 없이 손님들로 붐볐다. 이왕 문신에 관한 이야기가 나온 김에 그 할머니의 이야기를 더 해 볼까 한다. 〈겨울연가〉를 보고 박용하를 좋아하게되었고 지금은 다른 한국 아이돌까지 좋아하게 되었다고 말했다. 지금은 박용하를 볼 수 없어서 슬프지만 그래도 좋아하는 마음은 변치 않는단다. 그래서 그 배우의 이름을 문신으로새겼다고 한다. 박용하 추모식이나 이벤트 등이 있으면 빠지지 않고 참가한다고 덧붙였다. 그 말을 이어가는 할머니의 눈가에는 눈물이 고였다.

그 모습을 본 나도 눈물이 핑 돌았다. 오랜만에 감정을 억누르지 못할 정도로 감동했다. 그래서 두 엄지손가락을 높이 세우고 최고라고 말해 주었다. 그 순간, 감동에 겨워 포옹해도 되느냐고 물어볼 겨를도 없이 자연스럽게 할머니를 안아주었다. 그리고 감사하다고, 그토록 많이 사랑해 주셔 정말 감사해요, 라는 인사를 드렸다. 할머니를 기억하고 싶으니까, 문신과 지갑 사진을 찍고 싶다고 부탁했다. 흔쾌히 승낙해 주셔서 사진과 함께 할머니에게서 받은 감동을 내 마음속에 담았다.

할머니가 가게 문을 나선 후에도 감동과 여운은 쉽게 가시지 않았다. 어떻게 저토록 한 배우를, 그것도 외국 배우를 15년 이상 변치 않고 좋아할 수 있단 말인가? 나로서는 도저히 이해하기 힘들었다. 내가 몰랐던 일본에 왔고, 4년째 살고 있지만 지금도 일본을 잘 모른다는 생각이 들었다. 이 일을 경험하고 난 후, 일본에 대해서 더 많이 알고 싶고 공부하고 싶다고 생각했다. 더불어 일본어를 더 잘하고 싶다고 결심한 계기도 되었다.

손녀부터 할머니까지 한류 사랑 가족

일본에서 한국드라마 〈겨울연가〉 방영 당시의 인기가 얼마나 폭발적이었는지 나는 잘 알지 못한다. 당시 TV에서 잠깐 한류에 관한 뉴스를 본 것이 전부였으니까 말이다. 그렇게 무관심했던 나에게 그건 과장이 아니었고 자그마한 폭발이 아니라 인기 대폭발이었음 알려주는, 아니 아예 각인시켜주는 가족 팬이 있었다. '손녀부터 할머니까지 한류 사랑 가족'이라고 명명하겠다. 할머니는 〈겨울연가〉를 통해 박용하의 팬이 되었다고 말했다. 그래서 지금도 박용하의 사진을 지니고 다닌다. 내 눈으로 확인했으니 틀림없이 믿어도 된다. 할머니의 딸은 할머니의 영향을 받아, 한국 드라마와 아이돌을 좋아하게 되었다. 그리고 할머니 딸에게는 세 명의 딸이 있는데 모두 행복한 전염병에 전염이라도 된 듯 한국 아이돌 팬이 되었다. 그로 인해 자연스럽게 한국 음식까지 좋아해서 신오쿠보에 자주 온다고 말했다.

어느 날 저녁 7시를 넘길 무렵, 할머니의 딸이자 세 공주님의 엄마가 일회용 플라스틱 용기를 손에 들고 우리 가게에 찾아왔다. 물론 공주 셋을 꼬리처럼 달고 왔다. 공주 셋도 지남철처럼 엄마에게 착 달라붙어서 세트처럼 움직였다. 궁금증을 해결해야 하는 나의 성격상 참지 못하고, 바로 손에 든 것이 무엇이냐고 물었다. 한국 죽이라고 대답했다. 뜻밖의 대답이라 놀라며 "죽도 드세요?" "네, 우연히 한번 먹어봤는데, 지금은 너무 맛있어서 자주 먹어요." 그래서 "나는 호박죽을 좋아하는데…."라고 맞장구를 쳤다. 그 말이 끝나기도 전에 공주

셋 엄마와 나는 자연스럽게 하이파이브를 하며 문화교감을 나누었다. 마치 도쿄돔 관중석에서 홈런 볼을 받은 것처럼 서로 기뻐서 어쩔 줄 몰랐다. 그러고 보니 할머니가 보이지 않았다. "오늘 할머니는 안 오셨네요?" "할머니는 차에서 기다려요." 오늘은 죽을 사러 왔고 지나던 길에 새 DVD가 나왔는지 확인하러 들렀다고 했다. 이제는 믿을 수 있다. 일본인의 한류 사랑을.

한편으로 궁금증이 발동했다. 그렇다면 그 사람들은 모두 부자인 걸까? 정답은 NO. 물론 부자도 있겠지만, 대체로 평범한 보통 사람들이다. 그래서 모두 직장생활을 하거나 아르바이트를 하며 살아간다. 하물며 공연을 보러 가기 위해 며칠을 밤새워 아르바이트를 한다는 여성 팬도 있었다. 공연티켓을 사기 위해 따로 저축하고, 자신이 좋아하는 상품을 구매한다. 공연이 있는 날이 평일이거나 일이 있는 날과 겹치면 휴가를 낸다. 공연을 보러 가기 위해 열심히 일하고 그날을 손꼽아 기다린다. 공연이 열리는 당일에는 자신이 좋아하는 가수의 이름이나 스티커 등을 얼굴이나 손등에 붙이고, 그룹 이름이 새겨진 티셔츠, 가방 등 기타 액세서리로 자신을 꾸민다. 그리고 응원타월, 응원램프, 기타 응원 도구 등을 챙겨서 콘서트장으로 간다. 콘서트장에서 지금껏 쌓인 스트레스를 모두 날리고 돌아온다. 공연이 있을 때는 신오쿠보의 거리 또한 공연을 보거나 끝난 후 찾아온 팬들로 인산인해를 이룬다. 결국, 아이돌 콘서트가 있는 날은 신오쿠보까지 콘서트의 열기로 후끈 달아오른다.

한류는 쉽게 끝나지 않는다!

최근 TV나 주위에서 한류가 많이 식었다는 말이 가끔 들린다. 내가 처음 도쿄에 왔을 때와 비교하면 한류 팬의 발길 줄어든 것은 사실이다. 신오쿠보에는 문을 닫는 점포도 늘었다. 그런데도 나는 희망 쪽에 한 표를 던진다. 드라마나 노래 자막을 보고 독학으로 한글을 배웠다, 한국 드라마를 보고 서울에 다녀왔고 한국어 강좌도 신청했다, K-POP을 좋아해서 K-POP 댄스를 배우고 있다, 한국으로 유학 가려고 준비 중이라는 일본인들을 자주 만난다. '안녕하세요', '감사합니다'는 기본, 사랑해요, 오빠, 언니, 멋있어, 최고, 대박, 쩔어 등 나도 잘 모르는 유행어나 단어까지도 말하는 한류 팬을 만날 때면 깜짝깜짝 놀란다.

부모가 한류를 좋아해서 자녀들까지 한류를 좋아하는 가족들, 또는 부모나 친구는 한류에 관심이 없지만, 아이나 친구가 한류를 좋아해서 따라왔다는 부모나 친구들을 종종 만난다. 이런 모습을 보고 나는 이렇게 생각을 해 본다. 한류는 절대 죽지 않을 것이다. 예전처럼 인기 대폭발은 일어나지 않을지 언정, 마니아층은 더욱 두터워져서 그대로 한류의 인기는 지속할 것이라고 말이다. 오늘도 나는 한국어와 일본어를 섞어서 "이랏샤이마세(어서 오세요), 안녕하세요, 아리가토 고자이마스(감사합니다), 감사합니다, 요이 이치니치오(즐거운 하루를)"라고 힘차게 외치며 내가 일하는 신오쿠보의 한류 숍에서 희망을 보고 한류의 미래를 낙관한다.

이젠 믿을 수 있어, 일본인의 한류 사랑!

일본 속의 두 나라,
동일본 vs 서일본

일본은 총 4개의 섬으로 되어 있습니다. 면적도 우리나라의 4배 가까이 되지요. 워낙 나라가 길다 보니 겨울이면 큰 눈 축제가 열리는 홋카이도부터, 1년 내내 따뜻한 남쪽의 오키나와까지 지역별로 기후도 다양합니다. 기후가 다양하니 나오는 채소, 과일 종류도 참 많습니다. 이렇게 지역별 환경이 달라서 그런지 지역에 따른 문화 차이도 큽니다. 특히 도쿄로 대표되는 동일본(간토関東 지역)과 오사카로 대표되는 서일본(간사이関西 지역)은 다른 나라라고 할 정도로 많은 면에서 다릅니다. 문화, 생활방식뿐 아니라 인류학적으로도 도쿄 사람은 덩치가 작지만 근육질, 오사카 사람은 몸집이 크고 하반신이 튼튼한 체형이라고 합니다. 너무 달라서 그런지 사람에 따라서는 상대 지역에 대해 반감이 있기도 합니다.

오사카 택시는 검은색, 도쿄 택시는 컬러풀?

생활과 직결된 대표적인 차이는 공급되는 전력의 주파수가 다르다는 점입니다. 일본은 모두 110V의 전력이 공급되지만, 전력의 주파수가 동일본은 50Hz, 서일본은 60Hz로 달라서 가전제품을 살 때 확인하고 사야 합니다. 그리고 에스컬레이터에서 서는 방향도 도쿄는 왼쪽, 오사카는 오른쪽으로 다르지요. 패션은 호피 무늬를 좋아하는 오사카가 더 화려한데 택시 색깔은 오사카는 대부분 검은색, 도쿄는 녹색, 연두색, 흰색 등 색채가 풍부합니다.

음식문화, 도쿄는 간장, 오사카는 소스

음식에서도 두 지역의 차이는 뚜렷합니다. 음식이 맛있기로 유명한 오사카는 오코노미야키, 다코야키뿐만 아니라 어떤 음식에나 소스를 찍어 먹지만, 도쿄는 대부분 간장을 찍어 먹습니다. 오코노야키를 먹는 법도 서로 달라서 오사카에서는 오코노미야키를 굽는 뒤집개로 먹고 도쿄에서는 젓가락으로 먹으며, 오사카에서 오코노미야키는 밥과 같이 먹지만 도쿄에서는 밥이랑 먹지 않습니다. 오사카는 가정마다 오코노미야키와 다코야키를 굽는 기구가 있다고 할 정도라고 하네요. 음식을 할 때 기본 국물을 내는 재료도 다릅니다. 오사카에서는 대부분 다시마로 기본 국물을 만들지만, 도쿄는 대부분 가츠오부시かっおぶし(가다랑어포)입니다. 도쿄의 물은 칼슘과 마그네슘 함유량이 많은 경수(센물), 오사카는 연수(단물)라서 그렇다는 이야기도 있습니다.

우나기(장어) 자르는 법, 도쿄는 등부터 오사카는 배부터

일본 사람들이 가장 즐겨 먹는 음식 중 하나인 우나기ɔなぎ(장어)도 자르는 방법부터 요리방식까지 모두 다릅니다. 동일본은 가마쿠라 시대부터 나라의 중심이 된 지역으로서 이 시대부터는 천황이 아닌 무사들이 정권을 주도했습니다. 그런 만큼 무사들의 사회였다고 할 수 있지요. 이에 반해 오사카는 상인이 중심이 된 곳이죠. 무사에게 가장 굴욕적인 일은 배를 칼로 베어 죽는 할복입니다. 그래서 도쿄에서는 우나기도 배를 가르지 않고 등을 갈라서 손질합니다. 그리고 우나기를 한 번 푹 찐 다음에 조리하기 때문에 뼈까지 부드럽게 씹힙니다.

하지만 서일본의 대표적인 도시인 오사카는 상인들이 사회를 주도한 지역으로서 '서로 툭 터놓고 이야기하자'라는 상인들의 문화가 중심이 되었습니다. 일본어에서는 마음을 열고 솔직하게 이야기한다는 것을 '배를 열고 이야기하다(腹はらを割わって話はなし合あう)'라고 합니다. 그래서 오사카에서는 우나기도 배를 갈라서 손질하지요. 그리고 찌는 과정 없이 처음부터 불 위에서 소스를 발라가면서 굽기 때문에 씹히는 맛이 있다고 합니다.

이외에도 도쿄를 중심으로 한 동일본과 오사카로 대표되는 서일본의 차이는 수없이 많습니다. 예를 들어 똑같은 바까ばか(바보)라는 말도 도쿄에서는 가벼운 농담처럼 쓰이지만, 오사카에서는 아호ァホ(바보)는 농담처럼 많이 편하게 써도 '바까'는 정말 욕처럼 받아들여진다고 합니다.

이쯤이 되면 정말 '동일본과 서일본은 서로 다른 나라'라고 하는 말이 진짜 같다는 생각마저 듭니다. 지역별 차이는 부정적인 경우에는 서로 반감을 갖게 하지만, 긍정적으로 보면 다양하게 즐길 수 있는 지역 문화인 것이겠지요.

4장

변주

(Playing a variation)

나의

일본 이야기

황은석

교수님이 주신 무거운 과제

벚나무들 사이로 비추는 한 줄기의 햇살, 나는 23살이다!

'그래, 난 아직 어려. 어린 나이야.'

그러나…. 강의실 맨 앞자리에 앉아 주변을 둘러보면 영락없는 늙은이다. 다소 늦은 나이에 대학에 입학했다. 나에 대한 어른들의 나이예찬론은 학교에 발을 들여놓는 순간 물거품처럼 사라진다. 아직 남아 있는 고등학생의 싱그러움, 상큼한 옷 스타일, 애교까지 갖춘 낭랑 20세들 사이에서 난 그저 비 온 뒤 바닥에 떨어진 벚꽃잎 같은 존재. 주머니가 너무 가벼워 밥 좀 얻어먹자 싶어 "선배니임~, 배고파요." 하면 돌아오는 대답은 "오빠… 왜 그래…". 자기네들 유리할 때는 학번으로, 불리할 때에는 나이로 서열을 매기니 얄밉기 그지없다.

수강했던 여러 수업 중 김용열 교수님의 '국제경영' 강의는 정말 인상적이었다. 교수님께 개인상담을 요청하고, 교수님의 논문을 찾아 읽으며 즐겁게 수강했다. 백발에 무서운 인상의 교수님께서는 강한 어조로 이렇게 말씀하셨다.

"이제는 국가 사이에 존재하는 국경은 무의미해요. 세계가 국제화Inter nationalization(종전의 국가 단위로 시장이 구성되었던 상황에서 한 국가에 있던 기업이 다른 국가로 진출하는 것)되고 있다고? 그렇지 않아요. 글로벌화(국경에 따른 시장구분의 의미 자체가 없어졌다는 것)되고 있다고." 충성심으로 고개는 끄덕였지만, 사실 가슴으로 와 닿지는 않았다.

그러던 어느 날, 게시판을 보니 학교에서 일본이나 중국으로 연수를 보내준단다! 장학금도 무려 150만 원! 고민이 되었다. 중국에 가야 하나? 일본에 가야 하나? 간단하게 생각해 보면 2015년 3월 중국에 교환학생으로 갈 예정이었기에, 미리 현지 상황도 좀 익히고 중국어 공부도 할 겸 중국으로 가는 게 옳았을 수 있었다. 하지만 난 일본을 지원했다.

'나에게 있어 더 글로벌한 의미가 있는 나라는 어디일까'라는 고민 끝에 내린 결정이었다. 내 인생에서 중국과 중국어 역시 짧지 않은 역사를 가지고 있지만, 실제 구사능력이나 열의가 많이 떨어졌다. 하지만 일본어는 내가 다양한 나라에서 요긴하게 많이 써왔고, 수준도 중국어만큼 낮지 않았다.

일본과의 첫 번째 인연, 나만의 제1외국어

여기서 잠깐, 나의 24년 인생과 일본과의 관계를 한 번 돌아보려 한다.

일단 한국에서 가장 인기 있는 외국어인 영어에 대해 말하고 싶다. 우리나라는 1954년에 정식으로 '영어'를 필수과목으로 채택했다. 1966년 12월 20일 박정희 대통령이 수출제일주의를 채택해 경제성장을 이뤄냈고, 무역의 공용어인 영어만 잘하면 어디든 쉽게 취업할 수 있었다. 미군 부대 출신 및 해외 유학파들이 대한민국 주요 직책을 꿰차고, 유학생이 귀국하면 신문에까지 실어줬다고 하니 영어의 위상이 날이 갈수록 높아진 것이 당연하다.

가난에 지친 한국 학부모들은 '영어 = 부_富'의 공식을 가슴에 새기며 교육부의 영어 정책을 열렬히 지지했고, 주먹을 불끈 쥐며 속으로 다짐했을 것이다. "내 자식에게만큼은 이 가난을 물려주고 싶지 않다!"

엄마는 내가 어렸을 때부터 일관되게 경제나 경영에 관련된 책들을 많이 읽어 오셨다. 경제 관련 강의를 들으러 다니시고, 수료증을 받아오시기도 했다. 외가에 좀 여유가 있었다면 분명 대학에 진학해 그 학문의 열기를 불태우셨지 않았을까 하는 생각이 든다. 엄마는 자신의 꿈을 나를 통해 이루려고 하셨다. 당시 많은 집이 그랬겠지만, 우리 엄마도 가슴에 '영어 = 부'를 새기시고 작정한 듯이 영어학원비에 전폭적 투자를 하셨다. 집이 강원도였기에 외국인이 흔하지 않았을 텐데, 난 유치원 때부터 학원에서 원어민과 수업을 했고 귀가 후에는 영어 학습지를 해야만 했다. 그런데 크면 클수록 시험 부담은 커지고 재미가 없어졌다.

엄마가 영어를 외치시는 동안, 아들은 동상이몽을 하고 있었으니, 어린 시절 진정한 나의 완전히 소중한 외국어는 바로 '일본어'였다. 〈포켓몬스터〉에 꽥꽥 소리 지르며 환장하던 나는 인터넷을 통해 피카츄의 '피카'가 '반짝거리다ピカピカ'임을, '츄'가 쥐의 울음소리 '찍찍チュウチュウ'이라는 사실을 하나둘 알아가며 짜릿함을 만끽했다. 영어는 왜 해야 하는지 잘 몰랐어도, 일본어는 당장 친구들에게 포켓몬스터에 대해 자세히 설명하며 으스대는 데 필요했다.

미국이나 영국은 먼 나라로 느껴져 딱히 가고 싶지 않지만, 일본은 바로 피카츄가 사는 나라라고 하니 수단과 방법을 가리지 않고 가고 싶었다. 여담이지만, 당시 유행했던 '포켓몬 짱딱지'가 있었는데, 이걸 사기 위해서 생애 처음으로 엄마 지갑에서 만 원을 훔치기도 했다. 당연히 나중에 들켜서 엄청나게 맞았다. 어찌 되었든, 진정으로 내 심장을 뛰게 하는 언어는 바로 일본어였다.

일본과의 인연 두 번째, 쉿! 나 사춘기예요!

피카츄에 날뛰고, 샤워하고 맨몸으로 나와도 연예인 뺨치는 자신감이 있던 시절이 지났다. 엄마의 잔소리를 들으면 따귀 몇 대 맞은 듯 기분이 나쁘고, 학교 안에 벌어지는 갖가지 상황들, 루머, 스캔들에 흥분을 느끼는 질풍노도疾風怒濤의 시기가 찾아왔다. 어쩌다 길에서 다른 누군가가 똑같은 옷을 입고 있는 것만 봐도 신경질이 났다. 개성 없다는 소리 듣기가 죽기보다 싫었다. 그런데 중학생이 개성이 있어 봐야 얼마나 있었겠는가.

그나마 코딱지만큼 다른 친구들과 다른 점이 있었는데 바로 일본 문화나 드라마를 남들보다 많이 알고 있었다는 것이다. '끼리끼리 논다'는 말처럼, 일본 드라마나 음악을 가까이하고 일본어를 잘하는 친구들을 주로 사귀었다. 보통 학급 친구들이 연예인이나 한국 예능에 관해 얘기하는 것과 달리, 우리는 일본 드라마나 예능, 음악에 대해 시간 가는 줄도 모르고 수다의 꽃을 피웠다. 선생님이나 다른 아이들은 우리를 '비주류', '돌연변이'라고 생각했을 수도 있지만, 우리는 우리만 알 수 있는 이야기를 나누면서 누구보다 강한 동질감과 즐거움을 느꼈다. 그렇다고 우리가 '오타쿠'까지는 아니었다.

어린 시절의 나에게 일본이 '빨간 장미꽃과 같은 열정의 나라'였다면, 사춘기 때에는 '고독한 하이에나에게 친구가 되어준 나라'였다.

영어 쓰는 호주 시드니에서 일본어가 늘었다고?

2011년, 나는 사춘기보다 100배는 더한 시련과 암흑의 스무 살을 보냈다. 목표로 했던 대학은 비웃으며 나를 떨어뜨렸다. 엄마는 재수하겠다는 내 말을 철저히 무시하고, 마음대로 엄마가 정한 대학교에 입학금을 넣으셨다. 여느 부모님들과 마찬가지로 내가 빨리 졸업하고, 취업하고, 안정적으로 살아가기를 바라셨다. 착한 아들이었다면 성실히 다녔겠지만 난 그러지 못했다. 불효자에 가까웠다. 스무 살이 되면서 절대 엄마에게 내 인생의 선택권을 넘기지 않겠다고 결심했다. 수백만

원을 날리고 자퇴했다. 마음에 쌓인 불안감과 스트레스를 방출하고자 머리는 빨갛게 물들이고, 특이한 옷을 입고, 술을 마시고, 매주 번화가를 누비며 신나게 놀았다. 세상을 향해 '난 행복해'라고 소리치지 못해 안달 난 사람 같았다. 엄마는 이런 나를 보며 경제적인 지원을 차단하셨고, 나는 어쩔 수 없이 낮에는 셔츠를 입고 학원에 나가 국어강의를 하고, 퇴근하면 중·고등학생 과외를 했다. 꽤 인기가 있어서 쉽게 여윳돈을 모을 수 있었다.

스스로도 그런 생활에 지칠 즈음, 나를 일반적인 루트에서 이탈한 이방인으로 보는 폭력적 시선이 가득한 한국을 떠나 여유 있는 마음으로 살고 싶다는 생각이 간절해졌다. 또, 이왕 해외로 나가기로 작정한 이상 가능하면 다양한 사람을 만날 수 있는 곳으로 가고 싶었다. 미래라는 캔버스에 새로운 스케치를 할 때 이번에는 다양한 루트를 참작해 그리고 싶었기 때문이다. 속전속결. 결정한 지 두 달이 채 안 되어 호주로 떠나는 비행기에 몸을 실었다. 초기에는 영어로 의사소통이 쉽지 않았기 때문에 생활하는 데 꽤 어려움이 있었다. 미리 호주 물가에 대한 지표를 확인하고 왔어야 했는데, 경유지인 홍콩에서 생각보다 많이 지출해버려 새벽과 밤에 은행 청소를 하기도 했다. 어려움도 많았지만, 마음만은 고요한 호수처럼 편안

한 번쯤 일본에서 살아본다면

했다.

한국인은 나밖에 없고 대부분이 유럽에서 온 사람들로 구성된 집에 살았는데 애초에 영어공부가 목적이 아니었기에 그들과 대화를 하기보다는, 지난날들을 되돌아보고 글을 쓰는데 많은 시간을 할애했다. 시간은 흐르고, 새로운 문화에 점차 익숙해졌다. 영어에 큰 부담을 느끼지 않아서인지 도리어 영어가 빨리 늘었고, 같이 사는 사람들과 폭넓은 대화를 할 수 있었다. 정말 다양한 화제로 이야기를 나누었는데 이때의 경험은 지금까지도 나의 사고방식에 큰 영향을 미치고 있다.

호주 생활 4개월 즈음 새로운 미래를 꿈꾸며 행복해하던 찰나에 룸메이트로 일본인 쇼타가 들어왔다. 일본을 여자친구보다 사랑했던 그때 그 시절, 한국에서 사귀었던 일본인 여자친구, 여태까지 봐오고 들었던 수많은 일본 드라마와 음악! 그런 나라의 사람과 아예 같이 얼굴을 맞대고 살게 되다니! '한꺼번에 행복해지려고 작년에 그렇게 아팠었나?'라고 생각하며 흥분한 가슴을 애써 진정시켰다. 쇼타에게 다가가 드디어 말을 거는데! 영어를 전혀 못한다. 내 환상의 풍선에 누군가 바늘을 콕 찔러 넣은 듯한 느낌이 덮쳤다. 허허. 집의 룰, 청소 원칙, 주방 사용법, 집세 등 설명할 게 한둘이 아닌데….

눈앞이 깜깜해져 살던 집 매니저이자 내 친누나와 같았던 독일인 마이카에게 상황을 얘기하니, 내가 같은 동양인이고, 앞으로 룸메이트로 지낼 것이니 친해져야 한다는 등 억지스러운 이유로 등을 떠밀었다. "마이카, 나 일본어 못한단 말이야…"

결국, 중학교 때부터 수년간 일본 드라마와 음악으로 어설프게 공부했던 일본어로 쇼타에게 간신히 집 소개를 했다. 같은 공간에 살면서 우리는 주로 일본어로 대화했는데, 쇼타는 내가 일본어를 잘 못하더라도 끝까지 들어주고 대화를 나누려고 많이 노력해 주었다. 나는 가끔이라도 쇼타가 간단히 해 주는 말들을 적어놓고 다음에 쓰려고 노력했고, 때로는 발음을 체크하고자 쇼타 몰래 녹음기를 쓰기도 했다. 그렇다고 내가 받기만 한 것은 아니다! 카페에 데려가 영어공부도 도와주고, 간단한 말은 영어로 대화하려 애썼다. 그렇게 우리는 언어와 마음을 나누며 우정을 쌓아갔다.

안타깝게도 룸메이트들은 쇼타에게 냉랭했다. 대부분이 영어가 모국어이거나 유창한 유럽인이다 보니 영어를 잘하지 못하는 쇼타를 조금 답답해했다. 쇼타도 그걸 느꼈는지 집에 들어오면 소심해졌다. 좀 친절하게 대해 주지….

하지만 쇼타가 독일인 마이카와의 소통에 힘들어할 때 도와주기도 하며 개인적으로 쇼타와 더 가까워졌다. 쇼타에게 일

본인 친구들을 소개받고 그 친구들에게 닥친 어려움을 도와
주기도 했다. 이런 일을 겪으며 일본어가 비약적으로 늘었다.
쇼타에게 영어를 알려주고, 우리 집의 중재자 역할을 하다 보
니 영어도 한층 더 매끄러워졌다. 그 영향으로 한 어학당 리셉
션에서 일본인, 한국인 학생에게 프로그램을 소개해 주는 일
을 시작했다.

사춘기 시절 '나만의 암호'와 같았던 일본어는 호주에서 진정
한 '소통의 도구'로 자리 잡았다.

소중한 사람들과 함께하는 곳, 일본

다시 학교의 일본 연수 이야기로 돌아와서, '나는 절대로 관
광이나, 전공학점을 채우거나, 일본인 친구들을 오랜만에 만
나기 위해 나리타행 비행기를 탄 것이 아니다!'라고는 양심이
찔려서 말 못하겠다. 앞에서도 언급했듯 중국이라는 선택지가
아닌 일본으로 몸을 실은 가장 큰 이유는, 나에게 더 '글로벌'
이라는 의미를 가진 국가가 일본이었기 때문이다.

글로벌화의 의미를 알기 위한 역사적 사명을 가지고! 일본에
몸을 실었으나, 도쿄에 도착하니 아기자기하고 개성 있는 건
물, 패션잡지에서나 봤을 법한 스트리트 패셔너, '나를 좋아하

나?' 착각하게 싶을 정도의 친절한 점원 등이 나의 사명을 금세 희미하게 만들었다. 쇼타를 처음 룸메이트로 맞이했을 때와는 비교하기 힘든 벅찬 감동이 밀려왔다.

소카대학創価大学 국제교류처에서 공항까지 마중을 나와 주었고 학교에 도착해 보니 많은 직원이 늦은 시간까지 우리를 위해 기다리고 있었다. 차와 도시락을 준비해 주셔서 먹고는 바로 외국인 유학생들을 위한 호유 기숙사로 이동했다. 호유 기숙사에는 유닛별로 일본인 스태프 학생들이 있었는데, 모두 내려와 격렬히 환영해 주었고, 호텔 부럽지 않은 서비스로 방을 안내해 주었다. 같이 연수 갔던 홍익대생들은 외국인과 같은 기숙사에 산다는 것이 굉장히 신기한 모양이었다. 나는 시드니에서 줄곧 외국인과 함께 살았기 때문에 설렘은 없었지만, 다양한 나라의 외국인들이 모두 일본어로 대화하고 있다는 점이 조금 쇼크였다. 특히 서양 사람들이 일본어를 잘하는 모습을 호주에서는 본 적이 없었기에 신선한 충격이었다.

우리 단기 연수생들은 각자의 방법으로 일본인 학생과 적극적으로 교류하려 애썼지만, 나는 '굳이 뭐 그렇게까지야…'라는 생각이 강했다. 한 달간의 짧은 만남에서 마음과 마음으로 이뤄지는 교류를 하기는 힘들기도 하고, 설사 그렇게 되더라도 헤어짐이 너무 아플 것을 알았기 때문이었다. 새로운 친구

한 번쯤 일본에서 살아본다면

를 사귀는 것보다는, 나의 일본인 친구들과 다시 만나고 수업에서 진행되는 첫 소논문에 집중하고 힘을 싣자고 다짐했다. 그런데 이 생각은 2주일을 버티지 못했다. 아이고, 나 진짜 쉬운 남자 맞나 보다. 하지만! 그 어떤 철벽남이라도 이런 친구들이 있는 곳에서 마음을 열지 않고는 못 버틸 것이다. 그 친구들을 좀 소개하려 한다.

나의 시니컬함을 깨뜨린 첫 번째 일본인, 오모리 고이치大盛光一! 내 기숙사 유닛의 스태프였는데, 얼굴에 '나 행복해!'를 써 붙이고 다니는 친구였다. 콧구멍이 컸는데, 웃을 때 벌렁벌렁하는 모습이 인상 깊었다. 우리는 지도교수님의 지시에 따라 하루하루 일기를 써서 검사 맡았는데, 나는 정말 좋은 기회라고 생각했다. 일본에서 느낀 감정이나 한일관계, 문화 차이 등, 함께 이야기 나눌 수 있는 소재로 글을 쓰고, 일본인 친구에게 교정을 부탁하며 생각을 공유하고 싶었다. 눈치 없는 황은석, 친해지기도 전인데 첫날 바로 코이치에게 좀 봐 달라고 부탁했다. 나였다면 '얘 뭐야?' 했을지도 모르는데, 코이치는 흔쾌히 수락해 줬다.

그 이후에도 일기를 종종 부탁했고, 관련된 내용에 대해 허심탄회하게 대화를 나누곤 했다. 다소 민감한 주제에도 주저하지 않고 얘기해 줘서 정말 고마웠다. 나중에는 소논문 작성으로 너무 바빠져 일기를 잘 쓰지 못했는데, 되려 코이치로부터 일기 좀 빨리 써 오라고 핀잔을 듣기도 했다.

바라보는 것만으로 아빠 미소를 띠게 한 두 번째 일본인, 후지이 나오키直輝藤井. 친구들이 놀릴 정도로 나오키를 정말 귀여워했고, 좋아했다. 지금도 나오키에 대해 생각하면 얼굴에 웃음기가 가득해진다. 정말 귀여웠기 때문에 그런 것도 있지만, 아무래도 새내기고 어리고 하다 보니 조금 어수룩한 말투나 행동이 있었는데 친남동생인 양 잘해 주고 싶었다. 그런데 생활하다 보니 상황은 역전되었다. 나오키가 나를 더 도와주고, 응원해 주게 된 것이다. 당시 소논문으로 '소카대·홍익대 만족도 비교분석 및 시사점'이라는 주제로 학생들이 자신이 다니는 대학에 대해 만족을 하는지, 어떤 생각을 하는지에 대해 연구하기로 테마를 잡고, 설문조사를 만들기 시작했다. 일본어로 작성하고 발표해야 했는데 일상회화는 가능했지만, 전문적으로 글 쓸 정도의 일본어 실력이 아니었기에 많이 힘들었다. 조금 가벼운 주제로 산뜻하게 바꿔볼까 싶기도 했지만, 대학원에 진학해 계속 연구하고 논문을 발표하고자 길을 정했기 때문에 피하기 싫었다.

나오키는 학교에서든 기숙사에서든 시간을 내 나와 만나 이런저런 도움을 주었다. 필요한 학교의 정보라든가, 자기 생각이라든가, 학과공부에 대해 얘기해 줄 때는 귀여운 동생이라 기보다는 본받을 것이 많은 선배로 보였다. 실제로 설문조사를 진행하고 분석하고 시사점을 도출하는 데에 여러 아이디어를 제공해 주었다. 얼마 전에 한국에 교환학생으로 오는 시험을 준비하고 있다고 연락이 왔다. 합격한다면 기간이 어떻게 되는지 물어보니, 다행히도 5개월 정도는 한국에서 얼굴을 볼 수 있었다. 단단히 벼르고 있다. 일본에서의 은혜를 제대로 갚기 위해서 말이다.

형제 같은 느낌의 세 번째 일본인, 나카야마 준이치中山潤一. 참, 난해하다. 일본인이라고 해야 할지, 한국인이라고 해야 할지. 아무리 생각해 봐도 성격이나 생각은 완전 한국인 같았다. 첫 만남 때는 진짜 이렇게 친해질지 몰랐다. '쟤 조금 이상하다'라고 생각했기 때문이다. 정확히 날짜는 기억나지 않지만, '밋쨩'이라고 불리던 캐나다 친구와 이런저런 이야기를 나누고 있던 때였다. 조금 일본어로는 말하기 힘든 내용이어서 영어를 쓰고 있었는데, 준이치는 밑도 끝도 없이 처음 본 나에게 큰 소리로 "에이고죠즈다네英語上手だね(영어 잘하네)!"라고 말을 걸어왔다. 오사카 출신이라 사교성이 좋은 것은 알겠는데, 당황스러웠다. 첫인상은 별로였지만, 이후에는 내가 준이치와 친해지고 싶다고 생각이 들어서 많이 연락하고 다가갔

다. 안타깝게도 우리 둘 사이에는 공통점이 별로 없었다.

경상도 사투리를 배우고 싶어 하는 준이치, 가능하면 서울말을 배우기를 바라는 나, 교육 쪽에서 일하고 싶어 하는 준이치, 컨설팅 및 연구 쪽에서 일하고 싶어 하는 나. 달라도 너무 달라 항상 티격태격하긴 하지만, 준이치는 '일본인은 겉과 속이 다르다'고 생각했던 내 편견을 깨뜨려 준 고마운 친구다.

이외에도 훌륭한 지도교수님을 둔 덕분에, 일본에서 보통은 하기 힘든 경험을 많이 했다. 요코하마橫浜 시청에 초대되어 여러 사정을 듣기도 하고, 학교 총장님과 직접 대화도 해 보고, 산토리 맥주 공장 견학도 했다. 개인적으로는 호주나 홍콩에서 만났던 일본인 친구들을 오랜만에 만나 맥주 한잔 하며 함께했던 추억을 떠올리고, 요즘 근황도 물으며 소중한 시간을 가졌다.

글로벌화와 일본에서 산다는 것

다시 인천공항으로 발을 디뎌, 자랑스러운 태극기를 바라보았다. 그리고 다시 한 번 곰곰이 교수님께서 힘주어 말씀하셨던 글로벌화를 생각해 보았다. 교수님께서는 경영학에서의 글로벌에 관해 설명해 주셨지만, 사실은 그 안에는 더욱 깊은 의미가 있었다. 시장에 국경이라는 개념 자체가 모호해진다는 의미는 시장을 구성하는 주체인 우리 사이에 사실상 국경이 큰 의미가 없다는 뜻이기도 하다.

포켓몬스터를 열렬히 좋아했던 초등학교 때에도, 일본을 좋아하던 친구들과 시시덕거리던 사춘기 때에도, 독일인 마이카와 내 룸메이트 쇼타 사이에서 당황했던 호주 유학 시절에도, 일본 친구들과 마음으로 교류했던 일본 연수 때에도, 심지어 지금 일본을 좋아하는 사람들의 모임에 참석하고 있는 중국에서도, 매 순간 나는 일본에서 살아왔고 사는 느낌이다. 내 안에서 국경이란 이미 큰 의미가 없기 때문이다. 앞으로도 나는 어린 시절의 열정을 기반으로 열심히 일본이라는 나라에 살 계획이다. 그런데, 지금 이 책을 읽고 계신 독자님은 어디에 살고 계신가요?

보아, 고쿠센,
그리고
나의 일본어 이야기

김희진

일본을 만나게 된 계기, 일본에 매력을 느끼게 된 계기는 모두
다를 것이다. 어떤 사람은 일본의 애니메이션을 보고, 어떤 사
람은 일본의 소설을 읽고, 어떤 사람은 일본의 야구를 보고 일
본에 관심을 가진다. 한 번의 만남에서 그치지 않고 더 나아가
일본어를 배우거나 일본을 여행하고 그렇게 일본과 함께 나
아가고 있는 사람들이 있다. 나 또한 그런 사람 중 한 명이다.
우연한 계기로 일본을 만나, 10년이 넘는 기간 동안 일본과
함께하고 있다. 지금부터 나와 일본의 이야기를 해 보겠다.
평생의 동반자, 일본을 만나다
초등학교 6학년, 엄마의 강요로 '일본어'를 처음 접하게 되었
다. 다니게 될 중학교에 일본어 수업이 있어서 선행학습으로

시작하게 되었다. 그렇지만 도통, 일본에 관심도 없고 다른 공부도 바쁜데 일본어 공부를 왜 해야 하는지도 모르겠기에 어영부영 대충 공부했다. 그러다 중학생이 되고 학교에서 본격적인 일본어 수업이 시작되었다. 어느 날 학교 선생님이 틀어 주신 일본 방송에 한국 가수 '보아'가 나왔다. 나와 비슷한 또래인데 타국에서 능숙한 일본어를 구사하며 멋지게 방송에 나오는 보아의 모습은 신선한 충격이었다.

일본에서 활약하고 있는 보아는 반짝반짝 빛나 보였다. 그 모습을 보고 나도 갑자기 꿈이 생겼다. 일본어를 능숙하게 말하고 싶다는 꿈이다. 이 일을 계기로 어떤 일본 방송이 있는지 찾아보다 〈고쿠센〉이라는 일본 드라마를 만나게 되었다. 일본 드라마와의 첫 만남이었다. 드라마 〈고쿠센〉에 '사와다 신' 역할을 맡은 마쓰모토 준松本潤, Matsumoto Jun이라는 일본 가수이자 배우를 보고 그의 매력에 빠져버렸다. 내가 알기로는 젊은 여성들이 일본어를 배우게 된 계기로 일본 아이돌 가수 아라시嵐, Arashi의 영향을 꼽는 경우가 많다. 고쿠센에 나온 마쓰모토 준은 바로 유명한 일본 아이돌 그룹 아라시의 멤버이기도 하다. '보아'로 시작해서 '아라시'가 촉매제가 되어 일본의 매력에 더욱 빠지게 되었다.

'내가 좋아하는 가수인데 그들이 하는 말을 남의 한글 자막에 의지하지 않고 스스로 알아듣고 싶다'는 절절한(?) 이유로 일본에 관심을 가지고 일본어 공부를 본격적으로 하게 되었다. 나는 이런 단순하지만 특별한 이유로 일본을 만나고 일본에 빠져 일본어 공부를 시작하게 되었다.

드라마를 통해 일본을 만나다

일본어를 익히는 데 있어 최고의 교과서는 일본 방송이라고 생각한다. 지인들이 일본어를 어떻게 공부했냐고 물어보면 일본 방송을 많이 보라고 추천해 준다. 원하는 장소에서, 원하는 만큼 반복해서 볼 수 있으며, 실생활에 쓰이는 살아 있는 일본어를 보고 들을 수 있기 때문이다. 내가 아는 단어나 문장이 들리면 '내가 일본어를 잘 공부하고 있구나!'라는 쾌감을 느끼게 되고 일본어 실력이 늘었음을 그 즉시 느낄 수 있기에 공부에 더 몰두하게 된다.

나는 자막 없이 영상을 반복해서 보면서 나름대로 해석하고, 안 들리는 부분은 반복해서 듣고 사전을 찾아가며 어떤 말을 하는 건지 짚고 넘어가는 방식으로 일본어를 공부했다. 일본 영상을 보면서 하는 공부는 일본어 실력뿐만 아니라 일본 문화, 현재 일본의 모습도 공부할 수 있는 장점이 있다. 학생이라 일본에 당장 갈 수 없었기에, 나에게 있어 간접적으로 일본을 느낄 수 있는 최고의 방법은 드라마를 보는 것이었다. 다른 일본 방송도 일본의 문화 정도는 느낄 수 있지만, 드라마에는 특히 일본의 풍경과 실생활이 잘 녹아들어 있다. 일본을 마치 실제로 경험한 듯한 느낌을 받는 데 충분했다.

일본 드라마에는 특유의 매력이 있다. 어떤 사람은 일본 드라마가 유치해서 못 보겠다고 말한다. 이 유치함마저도 일본 드라마만이 가질 수 있는 매력 포인트다. 또한, 일본은 한 가지 주제를 고집해서 끝까지 마무리한다. 결국 두 라이벌이 사랑에 빠진다거나 하는 막장이 아니라, 마지막까지 시작했던 그 주제로 드라마가 끝난다. 또한 다양한 직업을 다룬다. 우리가 쉽게 접할 수 없는 비행기 관제센터 이야기, 해상 구조요원 이야기, 료칸 이야기 등 다양한 직업 세계 이야기를 펼친다. 그리고 사전 제작되기 때문에 완성도가 높으며, 소설이나 인기 만화가 원작인 경우가 많아서 이야기의 전개가 탄탄하다. 이런 일본 드라마의 매력에 빠져서 최근까지 250여 편의 드라마를 보았다.

드라마에 흥미를 못 느낀다면 애니메이션도 강력추천이다. 〈센과 치히로의 행방불명〉, 〈이웃집 토토로〉 등 좀 더 가볍게 볼 수 있는 유명한 작품이 많다. 애니메이션으로도 일본을 충분히 느낄 수 있다. 일본은 애니메이션 강국이다. 애니메이션은 성우들의 발음도 정확해서 일본어를 배우는 데도 큰 도움이 된다.

일본과 관련된 일을 하고 싶다

고등학교 2학년 시절, 일본 드라마나 미야자키 하야오의 애니메이션을 보거나 좋아하는 아이돌 '아라시'가 나오는 방송과 일본음악을 들으며 공부했다. 이런 나에게 더 즐거운 일본어 공부의 세계를 알려 준 분은 학교에서 일본어를 담당하셨던 김신호 선생님이다. 일본에 관심이 없던 아이들에게 일본 문화를 접하게 해 주셨고 재미있게 일본어를 가르쳐주셨다. 나의 일본어 실력이 나름 뛰어나다고 생각했는데, 선생님과 함께 공부하면서 많이 부족함을 느끼고 일본어를 더 열심히 공부해야겠다고 다짐했다. 아이들에게 일본에 대해 알려주고, 일본어를 가르쳐 주시는 선생님의 모습을 보며 일본과 관련된 일을 하고 싶다는 다짐을 하게 되었다.

하지만 실제로 일본인과 일본어로 이야기할 기회가 당시 고등학생이던 나에게는 거의 없었다. 그러던 중 일본인 친구들을 사귈 기회가 생겼다. 학교에 일본 자매학교 학생들이 방문했다. 당시 고등학교 3학년이었기에 일본 자매학교 학생들과 교류를 할 일이 없었지만 쉬는 시간을 이용해 일본 학생들을 만나 어색한 일본어로 직접 말을 걸었고, 잠깐 사이에 주소도 주고받았다. 그 후, 연락처를 주고받은 몇 명의 친구들에게 바로 손편지를 보내면서 일본인 친구들과 펜팔을 시작하게 되었다. 두 명의 친구는 한두 번의 편지를 주고받은 후에 연락이 끊겼지만 '시즈카'라는 친구와는 지금도 이메일과 스마트폰을 이용하여 틈틈이 연락을 주고받고 있다.

예전에 손편지를 보낼 때는 일본어로 보냈기 때문에 스스로 작문을 해야 했고, 모르는 한자는 사전을 찾아봐야 했기에 편지 하나 작성하는 데도 많은 시간이 걸렸다. 하지만 이 또한 일본어 실력을 늘리는 데 도움이 되었고, 선물도 보내면서 둘만의 우정을 쌓아갔다. 시즈카가 한국에 놀러 와 같이 만나서 놀기도 하고 인연을 계속 이어가고 있다. 이렇게 일본 친구와의 인연을 쌓을 수 있었던 것도 일본어를 공부하고 일본을 만났기에 가능한 일이었다. 그렇게 일본에 대한 꿈을 키우면서 수능을 치렀고 다들 취업과 관련된 과를 추천했지만 일본과 관련된 일을 하고 싶었기에 일본어과로 진학해 대학에서도 일본어를 전공하게 되었다.

일본어 능력 살리기

일본어 배워서 솔직히 어디에 써야 할지 모르겠다는 친구들이 있다. 나 같은 경우는 일본어 실력을 살려 가장 먼저 시작한 일이 '블로그'이다. 일본 드라마를 보고, 일본 음악을 듣고, 일본 방송을 보는 것은 내 취미이자 가장 좋아하는 일이지만, 보거나 공부하는 데 그치는 것이 아쉬워 무언가 기록을 남기고자 블로그를 시작했다. 블로그에 내가 본 일본 방송에 대한 후기를 남기거나, 일본 드라마를 보고 난 생각을 썼다. 블로그 초창기에 남겼던 글은 무척 짧고 내용이 알차지 못했다. 지금은 내 생각도 많이 쓴다. 일본 드라마에 관심이 있어서 블로그를 찾아들어 온 사람들에게 도움이 되고 싶어서 일본 방송 리뷰 글을 쓸 때는 많은 시간과 정성을 들인다. 블로그를 통해서 같은 취미를 가진 사람도 만나게 되고 그들과 함께 소통하는 일은 정말 즐겁다. 블로그를 통한 소통이 추억이 되고 인연이 되고 있다.

대학생이라면 일본어로 할 수 있는 일은 무궁무진하다. 나 같은 경우는 다양한 행사에서 일본어 통역 및 운영보조를 했다. 일본어를 쓰는 행사들은 외국인이 대상인 경우가 많아서 외국인을 포함한 다양한 일본인과의 만남도 기대할 수 있다. 국제회의와 관광을 결합한 산업인 MICE 산업(회의 Meeting, 포상관광Incentives, 컨벤션Convention, 이벤트와 전시 Events&Exhibition의 머리글자를 딴 것)도 많이 개최되기 때문에, 일본어 통역을 뽑는 단기 아르바이트 모집도 쉽게 찾아볼 수 있다. 대학교에서는 한국으로 유학 온 일본인 학생을 보조하는 봉사 활동자를 뽑기도 하고, 한국에 사는 일본인들이 한국인 친구를 찾는 경우도 있다. 일본인 친구에게 한국어를 가르쳐 주거나 언어교환을 할 수도 있는 등 일본어 재능을 살릴 수 있는 일은 다양하다.

일본어 실력을 살려서 필요로 하는 곳에서 일하는 지금이 무척 행복하다. 일본과 관련된 일을 할 때는 늘 설레고 심장이 두근거린다. 언어를 배우는 데 있어 특별한 이유나 목적이 없어도 되지만, 무언가를 배워서 그것을 유용하게 잘 쓸 수 있다면 더욱 동기부여와 자극이 될 것이다. 일본어가 기회가 되어 제2의 새로운 길이 열릴 수도 있다.

일본어 공부를 망설이는 젊은 친구들에게

대학교에서의 '일본어 전공'을 고민하는 어린 학생들이 많이 있다. 미래를 위해서 일본어 공부보다는 중국어나 영어 공부를 해야 한다고 생각하는 친구들도 있을 것이다.

그런데 마음 깊은 곳에서 '일본어 공부를 하고 싶다'는 생각이 든다면 과감하게 도전해 보았으면 한다. 일본어가 예전만큼 인기가 없다 해서 공부하기를 망설이지 말았으면 한다. 언어를 배우는 일은 분명 언젠가 큰 도움이 된다. 요즘 일본 여행이 더 저렴하고 편해졌다. 일본 자유여행을 할 때도 아주 유용하고 일본 친구를 사귈 때도 큰 도움이 된다. 일본어를 사용해서 필요로 하는 곳에 도움을 줄 수도 있다. 일본어를 사용해야만 가능한 일도 많아서 그런 곳에서 일할 수 있다.

나는 일본어를 사용할 때 지금도 늘 설렌다. 통역과 번역 일을 할 때 체력적으로는 힘들어도 한국과 일본 사이의 연결고리가 된다는 사실만으로도 기분이 좋다. 일본어를 배움으로써 일본과 더 가까워지는 방법은 많다. 나는 인터넷을 통해 일본 펜팔 친구를 사귀어서 손편지를 주고받기도 했고, 이메일도 주고받으면서 일본에 가까워졌다. 일본 엄마가 되어준 미유키 상과는 지금까지도 손편지로 연락을 주고받고 있다. 만난 적은 없지만 편지로 인연을 이어나가고 있고, 기념일이 되면 소소한 선물을 주고받기도 한다. 오고 가는 편지 속에 정이 쌓여 가고, 쉽게 만날 수 없지만 마치 가끔 만나는 것 같은 친근한 느낌이 든다.

일본어를 좋아하지만 일본어과에 진학을 못했다 해도 복수 전공을 통해서라도 일본이나 일본어에 대해 배울 기회도 있다. 좋아하는 일, 하고 싶은 것이 있다는 사실 하나만으로도 우리의 삶은 빛날 수 있다. 20대가 되고 30대가 되어 나이를 먹어도 자신이 무엇을 좋아하고 진정으로 하고 싶은지 찾지 못한 사람도 많다. '일본어를 배우고 싶다'는 자신의 마음의 소리에 충실한 것만으로도 한 발 앞선 것이고, 다른 사람이 보았을 땐 부러운 일인지도 모른다.

무언가를 새롭게 배우는 것으로부터 새로운 인생이 시작될 수도 있고, 인생의 큰 전환점이 될 수 있다. 나처럼 일본어를 좋아한다면 이를 통해 자신만의 즐거운 시간과 추억을 만들어 나가자. 나는 일본어를 통해서 행복을 찾고 있다. 하필이면 왜 일본어냐는 주변의 시선에 굴하지 않고 앞으로도 일본어를 통해서 나만의 새로운 길을 개척할 것이다.

지금 이 순간, 나는 행복하다.

나의
한국 이야기

후쿠기타 아사코

인생은 참 신기한 일로 가득 차 있다. 인생에서 매일 이루어지는 선택, 어떨 때는 그 작은 선택 하나로 인생이 생각지도 못한 길로 발을 내딛기도 한다.

열두 살 때 사촌 동생들이 사는 뉴욕에 놀러 간 적이 있다. 일주일 정도 머무는 동안 엄청난 문화 충격을 받았다. 12년 동안 살면서 처음으로 보는 것들, 처음으로 먹어보는 음식들로 인해서다. 그 이후, 대학교는 미국으로 가고 싶다는 생각을 항상 하게 되었다. 그러나 마음과는 반대로 영어 실력이 따라가지 못해 결국은 일본에 있는 대학교에 입학했다.

대학 생활은 너무 재미가 없어서 아르바이트로만 가득 채웠다. 그나마 아르바이트를 열심히 했던 이유는 딱 하나였다. 유학자금을 모으기 위해서였다. 대학에 들어가서 처음 했던 아르바이트는 도쿄 디즈니랜드의 인기 있는 놀이기구 담당이었다. 아무리 아르바이트라고 해도 교육 기간이 길고 시급에 비해서 일이 힘들었다. 새벽 5시에 출근하는 날도 있었다.

아르바이트는 본격적인 사회생활 전에 회사 문화를 간접적으로나마 경험하는 기회이기도 했다. 긴자에 있는 시니세しにせ 스시집(대대로 내려온 유명한 초밥집)에서도 아르바이트를 했다. 주로 일본 회사원들이 거래처와 미팅할 때 자주 이용하는 가게여서 일본의 회사 문화를 배울 수 있는 장점이 있었다. 다다미방에서 누가 어느 위치에 앉는지에 따라 식사를 제공하는 순서도 달라지고 스시의 종류나 부위도 달라졌다.

한국과의 첫 번째 만남

1999년이었다. 여름방학을 이용해 학교에서 주최하는 유학 프로그램에 참가하기로 했다. 미국이나 유럽은 워낙 인기가 많아 나는 차선책으로 한국을 선택했다. 드디어 한국으로 떠나는 날. 공항에 모인 한국행 멤버는 나를 포함해 다섯 명이었다. 남자 한 명과 여자 네 명. 나를 제외한 네 명이 어떤 이유로 참여했는지 지금도 잘 모르겠지만 그 멤버들과 함께한 한 달 동안의 한국생활은 생각보다 너무 재미있었다.

우리는 단국대학교 씨름부 숙소에서 묵었다. 단국대학교가 한남동에 있었던 시절인데 숙소는 언덕 꼭대기에 있었다. 위치가 더 나은 다른 숙소는 없느냐고 다들 생각하기도 했지만 그곳에서 씨름부원들과 소통도 하고 참 재미있었다.

아침 식사는 단국대 근처에 있는 카페에서 했다. 거기서 마신 헤이즐넛맛 커피는 충격이었다. 일본에는 헤이즐넛 커피가 없었기에 처음 접해 보는 맛이었다. 솔직히 내 입맛에는 그다지 잘 맞지 않았다. 그곳에서 커피와 빵을 먹고 단국대학교에서 하는 한국어 수업을 들었다. 같이 간 다섯 명이 모두 한국어 왕초급이라 수업은 "안녕하세요" 수준부터 시작했다. 제일 어려운 수업도 "여기서 경복궁까지 몇 번 버스를 타면 되나요?" 정도 수준이었다. 지금 생각하면 뭐가 그렇게 어려웠는지 모르겠지만 그때는 이 간단한 한국어조차 제대로 못했다.

우리의 한국어 실력이 잘 안 늘어난 데는 이유가 있었다. 수업이 없는 오후가 되면 단국대학교 일본어학과 학생들이 우리데리고 한국의 유명 관광지를 안내해 주며 매일 놀아줬다. 그런데 이때는 일본어만 쓰기 때문에 우리의 한국어 실력은 늘수가 없었다. 물론 내가 열심히 공부를 하지 않았다는 것이 한국어 실력이 안 늘었던 가장 큰 이유이기는 하다.

민들레영토에서 헤이즐넛 커피를 마시고, 비가 오는 날은 숙소에서 자장면을 시켜 먹고, 유명하다는 나이트클럽도 가 보고 매일매일 이벤트가 있어서 참 바쁘고 즐거운 한 달이었다. 야외에서도 음식 배달이 가능하다는 사실에 너무 놀라기도 했다.

홈스테이도 했다. 호스트 언니는 책과 미술관을 좋아하는 등 나랑 취미가 잘 맞았다. 밤에 언니네 집 앞에 있는 강가에 앉아서 이야기도 많이 나누었다. 지금도 언니는 한국에서 나를 도와주는 든든한 존재이고 내가 무척 좋아하는 사람이다.

나는 한동안 멀리 있는 나라만 바라봤었다. 그랬던 내가 한국이라는, 일본과 가까우면서 문화가 많이 다른, 다르면서도 비슷하기도 한 나라를 알게 된 것이다. 같이 한국에 갔던 일본인 친구들, 그리고 한국에서 만나 나를 많이 도와준 언니 오빠들 덕분에 좋은 기억만을 가득 안고 일본으로 돌아갔다. 그리고 2년 후, 다시 워킹홀리데이 비자를 받고 한국에 오게 되었다.

워킹홀리데이로 한국에 오다

대학교의 1년 유학 프로그램도 있었지만 대학교에서 공부하는 것보다는 한국의 보통 사람들이 어떻게 사는지에 관심이 있었다. 아르바이트도 해 보고 싶었다. 솔직히 그 당시 일본과 한국은 급여 차이가 꽤 있어서 일본에서 워킹홀리데이 비자를 받고 한국으로 오는 사람은 거의 없었다. 그래서 쉽게 바로 비자를 받고 올 수 있는 장점이 있었다.

학교를 통해 한국에 왔을 때는 학교가 알아서 다 해줬지만 두 번째 방문은 개인적으로 왔기 때문에 처음부터 혼자서 모든 것을 준비해야 했다. 2년 전 홈스테이를 하면서 알게 된 한국인 언니 집에 며칠 신세를 졌다. 먼저 한국어 공부를 해야겠다는 생각에 서강대 어학당에 입학하기로 했다. 언니와 함께 신촌에 있는 하숙집을 알아보러 다녔다. 서강대 앞에 있는 단독주택에서 하는 하숙을 얻어 새로운 생활을 시작했다.

일본은 하숙이라는 개념이 없어서 아침저녁을 먹을 수 있는 한국의 하숙집이란 시스템이 참 신선하고 마음에 들었다. 그 하숙집은 원래 1층은 여자 하숙생이 쓰고, 2층은 남자 하숙생이 쓰는 구조였지만 마침 1층에 방이 없어서 방이 날 때까지 2층 방을 썼다. 내 옆방은 좀 많이 놀게 생긴 아저씨가 살고 있었다. 얼굴만 보면 나이트 가자고 할 것 같은 느낌의 아저씨였지만 다행히 한 번도 아저씨 입에서 '나이트클럽 가자'는 말은 안 나왔다. 또 다른 옆방은 조인성같이 생긴 키가 큰 남학생이 살고 있었는데 그 사람은 무척 착했던 것으로 기억한다.

어학당에서 역시나 1급부터 시작했다. 2년 전과 별다를 것이 없는 내 한국어 실력. 그래도 이번에는 혼자 살아야 하기에 열심히 공부할 결심을 했다. 하지만 내게 장장 4시간이나 앉아서 공부하는 것은 너무나도 큰 고통이었다. 10주에 100만 원이 넘는 학비가 아까워 1학기는 겨우 다녔지만 그다음 학기부터는 어학당에 다니지 않았다. 어학당을 그만두고 뭘 할까 생각하다가 태권도를 같이 배우러 다녔던 일본인 친구가 면세점에서 사람을 구한다는 정보를 줘서 면접을 보러 갔다.

운 좋게 면접을 통과해 바로 면세점에서 일하게 되었다. 그 당시에 내 한국어 실력은 어학당을 1급만 끝난 상태로 아마 과거형까지만 배운 상태였던 것 같다. 이 정도의 한국어 실력으로 한국 사람과 같이 일할 수 있을까 하고 걱정도 많이 했다. 그래도 그 실력으로도 나를 채용해 줬으니 신나게 일을 시작했다. 아르바이트인 줄 알고 시작한 일이었는데 막상 들어가보니 정식사원이었다. 들어가자마자 신입사원 교육을 받았다. 프랑스 브랜드 매장이었기 때문에 브랜드 교육도 별도로 받았다. 그러나 거의 알아듣지 못했다. 한국인 직원들이 너무 일본어를 잘해서 일이 끝나고도 내가 있으면 일본어를 사용할 줄 알았는데 아니었다. 아무도 일본어를 안 썼다. 조금만 생각해 보면 너무나도 당연한 일이다. 한국 사람이 한국어로 수다를 떨지, 일본어로 수다를 떨겠는가!

선배와 동기들의 대화 내용은 하나도 알아들을 수 없었다. 그 때부터 모르는 한국어 단어가 들리면 가타카나로 적어 놓기 시작했다. 일할 때는 적어놓기만 하고 일이 끝나고 직접 물어 보거나 집에 가서 사전으로 찾아보기를 반복했다. 그러면서 나의 한국어 실력은 비약적으로 늘었다. 그때부터 한국어 일 기 쓰기도 시작했다.

일할 때 제일 행복한 시간은 점심시간이었다. 면세점 지하에 큰 사원식당이 있었고 식대가 천원이었다. 천원으로 밥을 사 먹을 수 있다는 사실에 너무 놀랐고 맛도 있었다. 그리고 또 한 가지 놀랐던 점이 있다. 같이 근무하는 직장 동료들은 매일 팀을 두 개로 나눠 점심을 먹었는데 항상 다 같이 한 테이블에 서 먹고 직위가 제일 높은 사람부터 식사를 시작했다. 이것은 무척 인상적인 문화적 차이였다.

일이 끝난 저녁에는 대학로에 가서 무료 한국어 수업을 들었 다. 저녁 7시부터 9시까지 자원봉사자들이 한국어를 가르쳐 주었다. 그곳에는 살사댄스를 가르쳐 주는 멕시코 여성도 있 었다. 너무 매력적이고 그분이 춤을 출 때마다 바뀌는 공간의 분위기를 잊을 수가 없다. 그 여성은 당시 한국 사람과 결혼해 살고 있었는데 지금은 연락이 끊어진 상태다. 너무나도 만나 고 싶은 사람 중의 한 명이다. 만나고 싶은 사람과 당장 볼 수

한 번쯤 일본에서 살아본다면

없다는 사실은 아쉽지만 지금 만날 수 없기에 같이 했던 기억이 더 아름답게, 영원히 남는다는 생각도 든다.

면세점에서 4개월 정도 일하고 그만둔 뒤 다음에 시작한 일은 아르바이트로 한일교류협회의 홈페이지를 번역하는 업무였다. 한국에 온 지 7개월 정도 됐을 때였다. 한국어를 자연스러운 일본어로 번역하는 일이라 많이 어렵지는 않았다. 같이 근무하시는 분들이 모두 일본어를 잘해서 항상 도와주셨다. 그 협회가 주최하는 이벤트를 준비하느라 1박 2일로 한국 학생들과 같이 MT를 다녀온 일도 무척 기억에 남는다.

인사동이 제일 좋아

나는 서울에서 가장 좋아하는 장소를 누가 물어보면 꼭 인사동이라고 대답했다. 그 당시는 인사동이 조용하고 갤러리도 많고 참 좋았다. 1년간의 워킹홀리데이도 거의 끝나가고 있어서 마지막으로 내가 가장 좋아하는 인사동의 카페에서 일해 보고 싶은 마음이 생겼다. 생각나면 바로바로 행동하는 스타일이라 그 다음 날부터 인사동에 있는 카페에 들어가서 일할 수 있는지를 묻고 다녔다. '아르바이트 구함'이라고 밖에 쓰여 있기에 들어가서 물어봐도 외국 사람이라 일을 찾기가 쉽지 않았다. 거의 포기하려던 찰나, 한 카페에서 일할 기회가 주어졌다.

그 가게는 카페지만 점원들에게 점심을 제공해 주었다. 점심이 나온다는 것도 너무 놀랐고 손님과 같은 자리에서 먹는다는 것도 놀라웠다. 카페에서 일하면서 내가 좋아하는 대추차를 마시며 이소라의 CD를 듣는 것은 큰 즐거움이었다. 오전에는 종로 YBM어학원에서 한국어 공부를 하고 수업이 끝난 뒤에는 아르바이트를 했다. YBM어학원의 한국어 수업은 매일 2시간씩이어서 너무 길면 힘들어하는 나에게 딱 적당했다. 지금은 글로벌 센터를 비롯해 무료로 한국어를 배울 수 있는 곳이 많이 생겼지만 당시에는 그런 곳은 없어서 어학당 아니면 어학원에 가야 했다. 어학당은 학생들이 많고 어학원은 다양한 신분과 직업의 사람들이 오기 때문에 더 신선했다. 워킹홀리데이 기간 동안 정말 많은 분들이 나의 한국 생활을 도와주셨다. 인간은 혼자서는 못산다는 진리를 어느 때보다 강렬하게 느낀 1년이었다. 한국에서 배운 큰 교훈이다.

에필로그

워킹홀리데이가 끝나고 한국을 떠난 지 8년, 나는 다시 한국으로 돌아왔다.

워킹홀리데이 후 일본으로 돌아가서 1년간 더 대학을 다닌 뒤 졸업하고 일본에 있는 한국계 회사에서 2년간 일했다. 그리고 독일에 플로리스트 공부를 하러 가서 5년간 체류했다. 그곳에서 인생의 동반자인 남편을 만났다. 남편은 독일인이다. 남편이 회사의 한국 지사에 오게 되면서 다시 한국과의 인연이 시작되었다. 그리고 한국에서 딸도 태어나 단란한 가정을 이루었다. 분명 한국과는 대단한 인연이다.

서른 살이 넘어 다시 온 한국은 많은 것이 바뀌어 있었다. 일을 끝내고 항상 친구들과 같이 갔던 포장마차가 사라졌다. 여자들이 남자들과 함께 건물 밖에서 담배를 피우는 모습도 흔해졌다. 예전에는 여자화장실에서 숨어들 피우니 담배 냄새 때문에 너무 불편했다. 여러 가지 달라진 모습을 보고 8년이라는 시간의 흐름을 느낀다. 사람의 인식이라든가 습관이 세월의 흐름에 따라 달라진다는 것을 직접 겪어보니 참 재미있다는 생각이 든다.

하지만 안 바뀐 것도 있다. 사람의 따뜻함. 한번 알고 지내게 되면 많은 도움을 주는 따뜻한 사람들이 참 많다. 고맙고, 내가 도와줄 수 있는 것이 없어서 미안하기도 하다. 이런 주위 사람들 덕분에 현재 서울 마포구 연남동에서 유아복과 잡화를 파는 작은 편집 숍을 운영하고 있다. 가끔 가게에서 꽃꽂이 강습도 하고 다도회를 열기도 한다. 설마 내가 한국이라는 외국에서 가게를 운영하게 될 줄은 몰랐다. 날마다 새롭고도 즐거운 도전이 펼쳐지는 느낌이다.

어떤 한국인은 일본에서 그들의 인생이라는 드라마를 펼치고 나는 일본인이지만 한국에서 내 인생의 막을 올리고 있다. 그리고 하루하루 나만의 시나리오를 써 나가고 있다. 사랑하는 가족, 고마운 이웃, 그리고 친구들과 함께 한국이라는 무대에서 말이다. 인생은 정말 어떻게 될지 아무도 모른다. 모르니까 재미있는 것, 그것이 인생이다.

한 번쯤 일본에서 살아본다면

저자소개

나무

도쿄, 6년 차

친구들 모두 아이 키우는 데 한창인 30대 중반, 얼떨결에 여행 한 번 해 본 적 없는 일본으로 달랑 가방 2개 들고 건너왔다. 공부 때문인지 나이 때문인지는 잘 모르겠지만 4년간 흰머리가 나도록 일본어 공부에 매진, 나이 마흔에 생전 처음 회사원이 되었다. 회사에서는 주로 신문, 잡지 기사 번역을 하며 블로그에 일본어와 일본, 일본인 관찰기를 올리고 있다.

블로그 http://tanuki4noli.blog.me/

단미

도쿄&오사카, 4년 체류

대한민국의 30대 평범한 직장인이었다가 갑자기 일본 유학생으로 전격 변신. 잘 다니던 회사를 그만두고 주변인들에게 충격을 안겨주며 일본 유학을 떠났다. 도쿄에서 2년, 오사카에서 2년이라는 시간을 보내며 많은 시행착오를 겪었지만 다양한 경험을 통해 성장할 수 있었고, 좋은 인연들을 만나 행복한 시간을 보내고 돌아왔다. 번역가와 작가로서의 제2의 인생을 시작하는 출발점에 서 있다.

양진옥

도쿄&나고야, 15년 차

일본동경관광전문 여행학과와 한국방송통신대학 일본어과를 졸업한 후 일본 킨키일본투어리스트近畿日本ツーリスト에서 약 3년 동안 근무했고, 일본 대건설계大建設計 소속으로 당진 현대제철에서 파견근무를 하기도 했다. 한·일 간 기술 통·번역 담당으로 약 6년간 일했고 현재 나고야에 있는 상사에서 경리책임자로 근무 중이다. 두 아이를 둔 엄마로 사랑하는 일본인 남편의 도움으로 일본에서 살 결심을 하게 되었고 꿈을 꾸면서 성장의 탈피를 거듭하고 있다.

블로그 http://blog.naver.com/tom00boy

류일현

도쿄, 5년 차

캐나다 어학연수에서 일본인 아내를 만나 현재 일본에서 가정을 꾸리고 살고 있다. 일본 취업을 위해 한국에서 국가지원 IT/일본어 10개월 과정을 수료했다. 일본에서 5년간 3개의 회사를 거치며 증권 관련 서비스, 스마트폰 게임, 회사 인프라 및 홈페이지 개발 등 여러 방면의 프로젝트에 참여했다.

이장호

오사카, 5년 체류

20만 엔만 들고 워킹홀리데이 비자로 일본행. 고베의 유명한 온천인 아리마 온천의 전통 료칸에서 5년간 근무했으며 현재 료칸전문여행사 '료칸플래너'를 운영하는 젊은 CEO이기도 하다.

페이스북 www.facebook.com/dlwkdgh3

인스타그램 jun_0102_

유정래

도쿄, 17년 차

취미로 일본어를 배우기 시작했으나 더욱 불을 붙인 계기는 일본인과의 펜팔이다. 1990년에 처음 일본 전국 일주를 하며 일본 유학을 꿈꾸었으나 실제 이루어진 것은 1997년 들이닥친 IMF 시대 이후다. 일본에 온 후 대학에 입학, 대학원까지 다녔다. 네이버에서 '유비의 일본 이야기'라는 블로그를 운영 중이다. 저서로는 『무도의 세계에서 바라본 일본』과 『이것이 진짜 일본이다』가 있다.

블로그 http://blog.naver.com/munmuryuu

한 번쯤 일본에서 살아본다면

이상구

도쿄, 6개월 차

히라가나도 모른 채 일본에 와서 열심히 적응하며 공부하고 있는 일본어학교 유학생이다. 한국에서는 직장생활을 하며 부모님 곁에서 편하게 살았지만 정말 하고 싶은 것을 찾기 위해 무작정 일본으로 떠나왔다. 일본에서 나만의 꿈을 찾는 긴 여정을 시작하고 있다.

블로그 http://blog.naver.com/leesk1226

임경원

도쿄, 4년 차

꿈과 희망 제로, 존재의 가치도 없이 방황의 굴레를 헤맸다. 무식하면 용감하다고 '용기' 하나만 들고 무작정 도쿄행 비행기를 탔다. 도쿄에서 새로운 도전과 꿈을 만나고 세상이 나를 포기할지라도 나를 포기하지 않는 방법과 자신을 사랑하는 방법을 배워가고 있다. 도쿄문화 탐험가, 꿈 가방 디자이너, 꿈과 희망 전도사로 거듭나고 있는 자신의 모습에 설레며 오늘도 도쿄에서 신나는 하루하루를 보내고 있다.

블로그 http://blog.naver.com/imkyungwon

유아영

오사카, 1년 체류

한국에서 일본어과를 간신히 졸업한 후 일본이 좋아 무작정 오사카로 갔다. 워킹홀리데이의 또 다른 이름, '열심히 일한 당신 떠나라!'를 충실히 수행. 산책하듯 일본 곳곳을 돌아보며 1년을 꽉꽉 채워 즐기고 느끼고 돌아왔다. 따끈따끈한 나만의 일본 이야기를 들려주기 위해 이 책에 작가로 참여하게 되었다.

인스타그램 yoo_ahyoungg

이메일 dkdyd233@naver.com

한아름

도쿄, 12년 차

20살부터 현재까지 도쿄에 거주하고 있다. 깐깐하지만 게으른 성격, 꽃, 산책, 자연을 매우 좋아하는 보통 사람이다. 스웨덴인 남편과 8년째 사귀는 것처럼 재밌게 지내며 도쿄 라이프를 즐기고 있다. 도쿄 중앙선에서만 그곳만의 서브 컬처를 조용히 즐기며 도쿄에서만 12년째 거주 중이며 때로는 혼자만의 시간을 만끽하는 동네 산책자이기도 하다.

최나영

쇼난, 3년 차

일본의 유명한 관광지 중 하나인 에노시마 근처로 시집온 오지랖 한국인 며느리. 가족도 친구도 없는 외로운 이 땅에서 블로그는 필수, SNS는 옵션이 되었다. 이제는 짱구 닮은 아들도 태어나 단순한 한국인 며느리가 아닌, 프로 주부, 베스트 엄마가 되기 위해 노력하고 있다.

김은정

교토&시가현, 11년 차

영국 런던에서 일본 남자를 운명적으로 만나 결혼, 일본 시가현에서 세 자녀를 키우며 영어 홈스쿨을 운영하고 있다. 가족과 함께 일본에서의 전원생활을 즐기고 있다. 네이버 블로그 '일본에서 즐기는 유유자적 전원생활'을 운영하며 일본에서의 육아와 일상을 소개하고 있다.

블로그 http://blog.naver.com/cecilia1020/

우유미

도쿄, 10년 차

육児와 육我, 육夫에 고군분투 중인 전前직 혹은 휴休직 방송작가. 한국어 강사, 한국어 교재와 방송 대본 작업을 간헐적으로 병행 중이다. 최근작은 위성TV, 홈드라마 채널의 〈POP POP SEOUL〉, 〈DRAMA CITY SEOUL〉, 〈韓チャン〉. 매일 아침을 감사히, 사소한 것들을 소중히 여기며 10년째 일본 이곳저곳을 산책 중이다.

황은석

홍익대학교 국제경영/산업공학과에 재학 중이다. 21살엔 시드니로 유학을, 23살에 단기 연수로 일본 소카대학교에 다녀왔다. 지금은 중국에서 홍익대학교-동북대학교 유학생 대표를 맡고 있다. 컨설턴트를 목표로 운영 중인 블로그에 홍익대생에게는 성공적인 대학생활을 위한 학사 관련 정보를, 유학생에게는 외국어 공부에 대한 조언을 꾸준히 올리고 있다. 영어를 제일 먼저 배웠지만 마음속의 제1외국어는 늘 일본어라 생각하는 일본 애정파이다.

블로그 http://blog.naver.com/01089013999

김희진

어릴 때부터 일본 문화가 좋아서 아무런 망설임 없이 일본어과를 선택했다. 입학 후 일본과 관련된 대외활동을 많이 했다. 일본 드라마 보기를 좋아하고, 일본 친구들과 함께한 추억을 소중히 하고 있다. 네이버 블로그 '소녀감성 순두부의 다락방'을 운영 중이며 일본여행, 일본 드라마, 일상생활 이야기를 공유하고 있다. 한 번뿐인 청춘을 더 반짝반짝 빛내기 위해 매 순간을 소중히 여기며 살아가고자 한다.

블로그 http://blog.naver.com/yohhhhj/

후쿠기타 아사코

서울, 5년 차

독일인 남편, 딸과 함께 서울에 사는 일본인 워킹맘. 2001년에 워킹홀리데이로 서울에서 1년 체류, 2010년 8년 만에 남편 회사 일로 다시 한국에서 생활하게 되었다. 한국에서 딸을 출산, 더욱 의미 있는 나라가 되었다. 2014년 연남동에 유럽 아동복과 인테리어 소품 편집숍 '퓨티키아'를 오픈했다. 플라워레슨을 비롯해 다양한 레슨도 진행 중이다.

블로그 http://blog.naver.com/putiikkia

한 번쯤 일본에서 살아본다면

1판 1쇄 발행   2015년 12월 10일

2판 1쇄 발행   2017년 12월 10일

지 은 이 나무 외 15인

펴 낸 이 최수진

펴 낸 곳 세나북스

출판등록 2015년 2월 10일 제300-2015-10호

주   소 서울시 종로구 통일로 18길 9

홈페이지 http://blog.naver.com/banny74

이 메 일 banny74@naver.com

전화번호 02-737-6290

팩   스 02-6442-5438

I S B N 979-11-87316-22-0 03980 (종이책)

979-11-87316-23-7 15730 (EPUB)

이 도서의 국립중앙도서관 출판예정도서목록(CIP)은 서지정보유통지원시스템 홈페이지
(http://seoji.nl.go.kr)와 국가자료공동목록시스템(http://www.nl.go.kr/kolisnet)에서
이용하실 수 있습니다. (CIP제어번호 : CIP2017029424)